博碩文化

博碩文化

博碩文化

駕・馭・組・織

DevOps

六面向

變革、改善與
規模化的全局策略

盧建成 著

20 年資深軟體業、企業營運顧問專家傳授實戰策略
解決 DevOps 經常遇到的難題，靈活應對多種情境

建立全局思維腦
以情境故事帶入理論，
從全局視角看懂成功導
入 DevOps 的關鍵

導入 POWERS 模型
活用 POWERS 模型引
導策略規劃，找出有效
的 DevOps 運用方式

DevOps 規模化
掌握 DevOps 規模化的
關鍵要點，成功將導入
策略擴展至組織

有效運用管理技巧
提供團隊引導及溝通的
管理策略，減少阻礙、
達成目標

作　者：盧建成
責任編輯：偕詩敏

董事長：曾梓翔
總編輯：陳錦輝

出　版：博碩文化股份有限公司
地　址：221 新北市汐止區新台五路一段 112 號 10 樓 A 棟
　　　　電話 (02) 2696-2869　傳真 (02) 2696-2867

發　行：博碩文化股份有限公司
郵撥帳號：17484299　戶名：博碩文化股份有限公司
博碩網站：http://www.drmaster.com.tw
讀者服務信箱：dr26962869@gmail.com
訂購服務專線：(02) 2696-2869 分機 238、519
（週一至週五 09:30 ～ 12:00；13:30 ～ 17:00）

版　次：2024 年 6 月初版

建議零售價：新台幣 750 元
I S B N：978-626-333-843-2
律師顧問：鳴權法律事務所 陳曉鳴律師

本書如有破損或裝訂錯誤，請寄回本公司更換

國家圖書館出版品預行編目資料

駕馭組織 DevOps 六面向：變革、改善與規模
化的全局策略 / 盧建成著 . -- 初版 . -- 新北
市：博碩文化股份有限公司, 2024.06

面；　公分

ISBN 978-626-333-843-2(平裝)

1.CST: 軟體研發 2.CST: 電腦程式設計

312.2　　　　　　　　　　　113005999

Printed in Taiwan

博 碩 粉 絲 團　歡迎團體訂購，另有優惠，請洽服務專線
　　　　　　　　(02) 2696-2869 分機 238、519

推薦序一

　　建成出新書請我寫序。雖然義不容辭地應承了，但心裡卻想著這本書可是得多「硬」呀！一如當年他對「做產品」的堅持！

　　我於 2018 年返台加入遠傳擔任轉型長，負責以大數據、人工智慧、物聯網（大人物）推動遠傳新經濟的技術和應用。轉型辦公室編制精實，我喜歡直接和負責的主管，從副理、經理到協理們，直接地互動來討論他們的項目和想法；不多久就注意到了兩眼炯炯有神、說話言之有物，在人工智慧部門屈就副理的建成。擢升他為經理後，交付給他建立我們遠傳自有的物聯網應用平台。我要求「儘速交付」，他的條件就是要我特准他們不用公司 IT Infra team 的服務和流程，讓他們另起爐灶以 DevOps 做平台的開發。他果然不負所托，帶著團隊在四個月的時間內完成初版的上線。接著就是他以「做產品」的方式不斷地精進平台的非功能性需求（non-functional features）和完整性，有時就難免不能及時提供應用開發團隊對平台的火速需求。不同團隊之間因不同的重點和優先順序也因此產生一些磨擦，但最終總能找到彼此適合的做法，直至建成決定離開遠傳去專注推廣他對軟體開發的理念。轉眼之間，建成離開遠傳也已經 3 年多，期間我們保持聯絡，也知道他對理想的軟體開發的追求仍樂在其中，不改其志。

　　這本書就是他這幾年的心血結晶，而且是柔軟且有溫度的，因為他把很多在企業裡執行面所遇到的實際問題用很應景的人物故事融入書中，所以讀起來一方面讓人莞爾，一方面更想知道他如何給解方。

《駕馭組織 DevOps 六面向》這本書不僅是一本工程與技術的指南，同時也融合了故事性與可實踐性，堪為入門的全面手冊；無論是 DevOps 新手還是有經驗的從業者都能從中獲得啟發，並實際應用於工作中。我相信正在思考如何有效推動 DevOps 變革和實現組織的數位化轉型的企業高管們，對這本書是能心領神會並且獲益匪淺的。

井琪

遠傳電信 總經理

推薦序二

話說 Patrick Debois 在 2009 年 6 月在比利時看了 O'Reilly Velocity' 09 大會的直播，一個名為〈10+ Deploys Per Day: Dev and Ops Cooperation at Flickr〉的演講，內心產生了用 DevOpsDays 來辦活動的念頭，便在 Twitter 上發送訊息，而當時的 Twitter 每條訊息最多只能 140 個字，為了盡可能在每條訊息保存針對資訊，所以陰錯陽差地就把 tag #devopsdays 縮短成 #devops 了，於是乎 DevOps 的稱謂就這樣誕生了。這段故事不是編撰來的，是 DevOps 之父 Patrick Debois 親口證實的，但值得我們深省的卻是一樣看到這場演說的人們，當時的我只曉得要讚嘆 Flickr 的 John Allspaw（Ops）和 Paul Hammond（Dev）竟然相處得如此融洽，可以一起出來參加外部演講，由此可見 Flickr 的開發與運維實力的不同凡響。我想說的是「看見」對不同的人士而言就像讀者閱讀書裡同樣的章節會有不同的感受一般，首先你必須將那種感受轉換成較為具體的目標，接下來便是制定規則去執行。Debois 將 DevOpsDays 設定成 2 天的活動，並在會前舉行 OpenSpace 的開放式討論活動。他長得十分高大（約 190 公分），表現得卻溫文儒雅，這是我們幾次相遇他給我的最大感覺，他強調不論有多麼忙碌，只要是哪個國家的城市第一回辦 DevOpsdays 時，他一定會親自飛去進行演說，真是令人佩服。同樣令我佩服的是本書的作者，回想我們第一次認識，就是在中國的 DevOpsDays 大會上，我負責頒獎給優秀的講者，而得獎的就是建成老弟，這份榮耀為來自台灣的講師們增添不少光彩。

DevOps 的影響已經十分成熟，軟體公司裡一定會有 DevOps 部門或是 SRE 小組，而本書來得正是時候，書中對多種變革方法進行了整理（第六章常見的變革方法），正可以供組織進行推廣開發與運維相結合時的參考。作者將自己融會貫

通後的 DevOps 六個面向以 POWERS 思維方式（從第七章 POWERS 持續導入與規模化原則開始，逐漸深入地演練了一遍）務實地呈現了出來，它彌補了許多支持 DevOps 的人士空喊口號而忽略了實做方法的缺憾，這一點讓人驚豔，這是一種將結構化思維導入組織變革過程然後再形成決策的思維方法，它紮實地提供了實踐 DevOps 時的決策依據，實在難能可貴。

另一個讓人歡喜的是建成老弟竟然耐下性子來講故事，而不是一開始就用六個面向來破題，這麼做真好！大部分工程師或是工程師出身的主管，都耐不下性子來聽故事，當然就更不會嘗試把自己的遭遇寫成故事，這一點讓人們平白無故的損失了最真實的經歷描述，少了回味式的描述便少了回顧時的細節，而讓從一段經歷中學到的東西就此打了折扣，所以工程師要學會講故事，講自己經歷的故事，這就好比復盤的思維一樣，可以學到最多。看完之後思考的深度將決定你的獲得，好好享用這本書吧！

李智樺（Ruddy 老師）

推薦序三

在意的在意是什麼呢？

擁有豐富科技產業實戰經驗的 Augustin 出書並沒有引起我的驚喜，因為我知道這是他持續學習，樂於分享的心性下的必然成就。然而，書裡面面俱到的內容，嚴謹有條的結構鋪陳，還是引發了我對這本書的高度興趣。

憑著閱讀記憶探究書中的底層邏輯，我試著逆向工程搜尋書中關鍵字出現的次數，「團隊 730 次、變革 643 次、組織 638 次、改善 370 次、落地 350 次、目標 342 次、需求 319 次、持續 250 次、開發 232 次、評估 146 次」，從這十組出現率最高的關鍵字，我看見 Augustin 多年來在社群裡推廣 DevOps 的身影，同時也看清楚他「在意的在意」是什麼了。主動積極的人在意行動和解決方案，被動消極的人在意困境和焦慮煩惱。我在書中看見隨著科技順流發展的企業組織，如何帶領團隊面對根據市場需求設定商業目標和技術研發目標的變革，採用相關方法學後如何務實落地，並且持續改善工作流和產品服務，同時有效且具全局觀地服務於組織之上。

作者透過前四章講述一個企業變革的故事，加上第五章「DevOps 是什麼？」這個看似相當基本卻又不容易回答的好問題來串起本書架構。我喜歡作者在章節最後說的：「DevOps 打通了軟體開發中的經絡，它從一開始的維運端敏捷運動，循著價值流將努力已久的開發端敏捷串接了起來。軟體開發的敏捷不再只是如何做得快，而是如何交付得快又穩。」這呼應第十章開頭「DevOps 屬於敏捷，並且幫助敏捷打通了通往維運側的道路。」我們相信成熟的自動化工具已經打通維運端的道路，可以持續透過工具改變做法和文化建立，產品開發中端到端參與的夥伴們，都可以一起共創，一起持續改善。

新加坡商鈦坦科技 Titansoft 在敏捷開發的學習歷程中，有如書中提及的多個變革模型樣貌，我們歷經生產力的高低起伏，面對過團隊在驅力和阻力中的搖擺，體驗過和客戶關係的矛盾僵持，所以我們更明白任何方法學在落地時因地制宜的重要性，以 Z > B（利大於弊）、趨吉避凶和最少調整的小成功先帶來影響力，然後再逐步調整與改善。這樣的導入方法是和過去的經驗相符合的，這樣的團隊可以專注在高價值的工作項目，人員可以彼此交流並且持續成長。

　　作者 Augustin 是精實軟體工程的實踐者，也是企業顧問、學校講師、技術社群推廣者，常年活躍於台灣及亞洲各類型技術社群和研討會活動。我認為這本書是他累積多年技術管理實務心得的精彩總結，我推薦給所有的中高階經理人，包括非科技產業和職務的朋友。這是一本組織變革的工具書，可以細細品味，最後祝福 Augustin 新書推廣有成。

李境展（Tomas Li）

新加坡商鈦坦科技 總經理

出版《鯨游藍海 – 鈦坦科技的敏捷之旅》

前言

有個醉漢在公園的燈下四處觀望。此舉引來巡邏警察的關心，並且問道：
「你在這裡做什麼呢？」醉漢回應道：「在找弄丟的鑰匙！」警察看了看，
滿臉疑惑地又問道：「這燈下沒有鑰匙呀！你怎一直在這兒找？」
醉漢想也沒想地說：「因為這兒有路燈，比較亮看得到呀！」

—— 街燈效應

DevOps 受到採用已經多年，但大多數討論仍聚焦在工具與技術層面，然而以價值流為基礎的 DevOps 對於組織的影響，往往不只在技術與工具層面，更多時候所帶來的衝擊是在日常流程與跨部門的合作模式，這些未被妥善考量的要素將左右 DevOps 進入企業的效益，甚至產生的影響是無法將 DevOps 帶入組織內。

正如同本文開頭的故事一般，往往專業背景、習慣和各種情境條件都會驅使我們採取直觀而易於聯想的做法或決策，因而不經意地忽略了事情的全貌。這使得充滿熱情的實踐者在推動的路上充滿荊棘。作為一位教育者和創業者，深知熱情的重要也了解系統性思考的必要性，而這些想法成為了本書的起點。本書並非想要提供靈丹妙藥，而是提供一種思考的工具，協助每個對於追求成長有所期待的實踐者能夠盡情地發揮熱情，並且將所期待的 DevOps 落實到自己的工作環境或組織中。

在一開始構思本書時，著實為書籍的編排和內容傷透了腦筋。畢竟關於技術和各種專業叢書並不少見，但在這樣的情境下，我卻仍時常看見熱情消退的實踐者。按照道理，有了這些技術和專業叢書的幫助，實踐者們理應有著正確的認知

和正確的做法，而這些認知與做法勢必會對於他們所想解決的問題和組織帶來莫大的效益，但現實卻是如此事與願違。因此，本書期望透過故事的方式，讓讀者思索和感受可能遭遇的情境，然後透過 POWERS 思考工具來協助每位實踐者以整體角度來尋找最適合落地 DevOps 或是某種技術的做法。

本書結構上採用三層式的方法來展開內容，分別是：

故事與情境（1～4 章）：以故事為底來帶入導入 DevOps 的核心想法和實務做法。

述理與工具（5～8 章）：主要討論 DevOps 核心議題、常見變革方法和本書所提出的六面向 POWERS 思考工具。

技巧與實務做法（9～10 章）：導入過程中的技巧分享和透過六面向來描述的 DevOps 實務做法。

筆者期盼「情境先於理論而後工具」的書籍內容安排，能夠為正在持續透過 DevOps 追求卓越的同好者帶來助力。

本書能夠完成除了必須感謝家人的包容，也必須感謝工作的夥伴願意在我痛苦地將文字嘔吐出來時，提供堅實的協助和支持。當然也感謝博碩文化的編輯者們的協助，才能讓這本書順利呈現在每位讀者眼前。

本書前 1~4 章以虛構的「暴風」網路媒體公司為故事主軸，故事以「物流業務」單位導入 DevOps 為開頭，接著從「媒體業務」單位與「線上購物業務」單位導入 DevOps 來實際反映導入 DevOps 過程會遭遇的挑戰與危機，最後在物流部門的成員的協助下，透過使用如 POWERS 模型等思考工具，提升協作、改善目標，成功讓 DevOps 規模化至整個組織。

人物角色介紹

克莉絲汀：執行長

物流業務單位

薩曼莎：物流業務單位最高主管

查德：物流服務工程師

鮑伯：物流服務部門主管

湯姆：物流服務工程師

線上購物業務單位

艾力克斯：線上購物業務單位最高主管

克萊爾：專案經理

費歐娜：線上購物服務部門主管

山姆：線上購物服務工程師

萊斯：線上購物服務工程師

約翰：線上購物服務工程師

媒體業務單位

布萊德：媒體業務單位最高主管

安迪：媒體服務部門主管

馬克：媒體服務工程師

IT 維運單位

雷克斯：IT 維運單位最高主管

布萊克：IT 維運部門主管

尚恩：品質與資安部門主管

克里斯：品質與資安工程師

史丹：維運工程師

漢克：維運工程師

偉恩：維運工程師

人資單位

漢娜：人資暨財務最高主管

目錄

01 悶熱

02 從熱帶氣旋到強烈颱風

09 探索運轉改變的管理技巧

10 POWERS 與 DevOps 實務做法

Chapter ≫ 01

悶熱

✑ 前言

　　暴風股份有限公司（Storm Co., Ltd.）是一間知名的網路媒體公司。這幾年因為媒體業務穩定的發展，公司版圖也擴展到網路購物，同時也建立了自己的物流能力。公司執行長克莉絲汀希望透過媒體 + 網路購物 + 物流三個業務的組合來獲得最大的業務綜效。

1.1　零星的努力

> 「又是無風也無浪的一天！」
>
> 尋常的需求轟炸、系統裡閒逛的臭蟲和廊道上的抱怨聲，一如往常地環繞在查德的周圍。只要除了這些事之外，不要有其他意料不到的驚喜，或許今天還是能順利下班吧？

　　「啊……」查德忍不住發出了小聲的吶喊。

　　在鍵盤上敲敲打打的聲音搭配周遭的環境，像極了雞肋般的現實人生泡沫劇。

　　查德在暴風工作三年了。這是他的第一份工作，還記得當初拿到工作時的興奮感，想像著自己總算要在這個欣欣向榮的公司裡一展軟體開發的能力，但這些期待很快就被日常的瑣碎淹沒。

暴風是一間頗具規模的數位服務公司，並且以社交媒體奠定了產業的地位。隨後公司踏入了網路購物領域並且搭配自有物流服務，企圖獲得更大的成長。實際上，這幾年公司規模的確也是增長了不少，前景一片看好！

不過這些前景對於查德來說，因為物流不過主要是輔助網路購物業務的單位，所以除了總是搶著上線的需求和偶爾突發的系統流量搞得大家人仰馬翻外，公司的「榮光」貌似跟自己沒有多大關係。如果沒什麼意外的話，唯一的好處大概就是穩定了吧。

雖說是研發部門，但也只負責物流系統功能的開發，至於上線！？據說是一群成日和機器與線路對話，偶爾扮演拒絕上線的人來負責。查德打了個哆嗦：算了算了！總之，把功能推出去，剩下的再說吧……。

「啪！……啪！」輸入鍵落下自信的聲音，接著伴隨的卻是自信心碎了一地的聲音。

「下午四點，難道今天又得加班？」查德看著程式碼衝突的訊息，眼睛忍不住往右下飄了一下，心裡直犯嘀咕。

部門對於程式碼分支並沒有明確的管理方式。雖然確實有釋出分支也有主分支，但更多是按需求增長的長生命週期功能分支和狀態不明的分支。查德嘆了一口氣，無語地解著衝突，同時心想明天一早必須跟大家討論一下分支的狀況，不然老是下不了班也不是辦法。

幸運的是昨天的程式碼衝突並沒有讓查德累到今天無法從床上起來。沖了個澡，查德在鏡子前大力地拍了一下臉頰，心想：「真的受不了這個分支問題！」

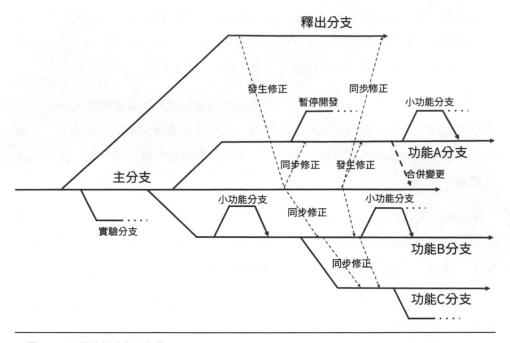

▲ 圖 1-1　目前的程式庫分支圖

查德試著盤點了一下目前的分支。

由於今年上半年有三個大功能需要開發加上主分支與釋出分支，整個程式庫有五條主要的分支。平時團隊成員便是按照分配的任務，進行臭蟲的修正、功能開發或實驗新函式庫。

即便先不論三大功能的分支，每個團隊成員也會因為習慣不同而開出不同時間長短的分支。這樣的狀況使得團隊成員在進行新任務時，總得花些時間找到對的分支當起點，或是當開發一個段落時，得想清楚要如何同步這些變更，至於合併衝突則根本就是家常便飯。

「大家！」查德像夢中驚醒一樣，倏地站了起來並且大聲地叫了一聲，隨即便將分支圖投影到團隊空間上的大電視，並且在解說完當前的分支分布狀況後，提出了改善建議。

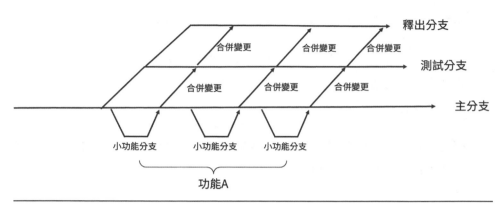

▲ 圖 1-2　改善後的程式庫分支圖

　　「按照過往的開發經驗，大家多半會將大功能拆解成小的功能來實作，與其以大功能來進行分支，還不如依照發布目的將分支分為主分支、測試分支和釋出分支。進行中的開發變更就只會發生在主分支上，當開發變更完畢，就會將變更合併至測試分支。當測試完畢，便能夠合併到釋出分支來等待釋出。開發過程中就只允許建立小功能的分支，並且在完成後就進行合併。若功能實作的拆解無法相當完整而需要提交部分實作時，可以在程式中實作類似開關的判斷來阻斷執行。」查德一邊解釋，並且散發出犀利的眼神。

　　接著，查德提出建議：「由於我們剛好處在新的開發週期，現在進行分支的更動還不會產生太大痛苦。大家不如趁這個機會好好改善我們因為合併衝突所導致的無用加班吧！」

> 📖 **參考**
>
> p.10-19, 10.5 節〈功能開關〉

　　「呃……那你訂個下午茶，就聽你的！」大家早已習慣了查德的改善活動，所以不會為此感到驚訝，而是不約而同地回覆他。

「這樣都行！！那我可以再加個小規則嗎？」查德不懷好意地笑著。

「以後開小功能分支都要有對應的任務，並且當變更合併後，便要刪除來源分支和關閉對應任務，如此便能追蹤失效的分支，而且讓變更的來龍去脈更清楚。」

「好啦～好啦～那飲料別忘了啊！」大家心裡也知道查德想表達的事情，複雜的分支和無法追溯的分支已經困擾他們很久了，只不過總是沒有進一步的改善作為，但又想到查德前陣子拿到了傑出員工獎金，便忍不住想敲一下竹槓。

「那下午大家喝飲料的時候，就開始動手清理分支囉！」查德笑瞇瞇地說著。

雖然查德早已漸漸記不清自己剛進公司時的期待，但他喜歡團隊的氛圍。偶爾為團隊找些改善的做法，對於查德或團隊成員來說也算是一種工作上的調劑。日子雖然平凡，抱怨的事情也沒少過，但團隊總還能嘻嘻鬧鬧地度過每個燃燒的日子。

改善碎碎念

導入這件事本質上就是將外部事物引入內部的行動。組織或團隊原有的工具和做法都是經過時間磨合，進而融合在一起成為達成目標的有效組合。當導入發生時，意味著有外部事物會介入原先工具與工具、工具與做法或做法與做法之間的介面，進而導致操作上的摩擦。因此，在導入時有三個絕對不能忘記思考的要項，它們分別是「目標」、「流程」和「範圍」。

以此次例子來說，查德想要改善的目標是解決當前混亂分支所造成的合併衝突問題，而具體的改善目標物則是程式庫的分支。由於原先是基於直覺和方便而讓工程師可以隨意建立長週期的分支，但現在改成有三個固定分支，而工程師們雖然能夠按需要建立分支，但均為短週期分支。此外，團隊的發布行為需要透過在三個主要分支的合併同步才能完成。

上述的操作必然會影響工程師們開發的手順,進而造成日常操作上的摩擦。幸運的是導入範圍僅在查德所在的團隊與相應的程式庫,而且也剛好處在新的開發週期。這代表目前有意義的長週期分支較少,所以比較容易進行這些改變。此外,從故事內容來看,完成變更的時間範圍預計上並不是太長(可能是數天,但並未明確定義),畢竟是趁空檔期完成。

有限範圍和具體目標通常有助成功地導入變革。以本節故事的內容來看,唯一麻煩的大概就是改變後的分支管理流程,而這部分會需要透過操作文件和訓練才能完整地落實。

1.2 潮流的追尋

分支策略改善後,程式碼的合併衝突漸漸變少。即便發生了,衝突範圍也多半不大,通常很快就能解決,然後重新提交。查德站在茶水間裡,想著這些改善或許這就是所謂工程的小確幸吧!

正當查德還陶醉在自己的小世界。

「登!」手機發出聲響,催促著查德趕緊去參加一場突如其來的會議。這場會議是由專案經理克萊爾發起的,參加者有查德的主管鮑伯和線上購物研發部門的主管費歐娜。根據過往的經驗,查德很想忽略這場會議,但偏偏不行!

進入會議室時,費歐娜與克萊爾正望著鮑伯的苦瓜臉。

「這是你們這個月第三次追加功能了!原先的功能都還沒做完,但延伸功能卻不停地加進來。到底上半年還有多少東西要加?所有功能都是必要的嗎?」鮑伯抱怨著。

費歐娜不甘示弱地回擊:「不只是你們的功能有增加,我們的功能也有增加啊!不過就是幾個 API 嘛!」

鮑伯原先苦著的臉開始變得有些嚴肅。畢竟上個月也才因為購物功能的變更,而導致原本要上線的功能取消,還因此多加了一個新功能。

「大家都辛苦了!為了因應今年的大型節慶銷售活動,這些功能將會左右整個活動的最終成效。」克萊爾試圖緩和兩邊的氣氛,她苦笑的同時,望向平時總有小點子的查德。此時,查德正忙著迴避投來的目光,試圖專注著仍在你一句我一句的爭論上。

「查德！平時你的想法最多，前陣子才聽你們團隊成員說你又提了個建議，現在程式提交問題好了許多。你對這次功能新增有什麼看法呢？」克萊爾見狀況不妙，顧不上查德的迴避，硬是把球丟給了查德。

頓時，鮑伯和費歐娜不約而同地看向查德。

「嗯……或許我們可以試試轉變一下規劃的方式。大家有聽過敏捷嗎？」查德沒好氣地瞄了克萊爾一眼。

費歐娜一副知悉的樣貌說：「你是說有待辦清單、每日站會、回顧會議、客戶展示那一套？」

「準確地說是允許調適需求來聚焦重點，並且及早地獲得回饋，來最大化大家努力的價值。」查德回應道。

「我之前也聽過其他同業的友人說過，他們採用了 Scrum 來讓開發團隊反應更快，產生更大的價值。」克萊爾趕緊補充說道。

「Scrum 的確是個好的方法，但其實我更聚焦的是團隊的敏捷力。換言之，就是面對變化還能創造最大利益的能力。」查德想也沒想地說道。

「不如你說說具體的做法吧！」鮑伯看著查德。

「首先，我們的需求規劃往往是以半年，甚至是一年來進行安排。不過，雖然我們總是希望守住原先的計畫，但現實是為了配合促銷活動與物流的管理變化，我們常常被要求趕緊調整原先計畫好的功能。此外，我們也常常被抱怨提供的操作流程一點也不好用，更可怕的是被迫也好，不是被迫也好，我們總是無法如期上線。」

查德繼續說明：「既然如此，我們不如透過使用者故事對照或影響對照等方式來探索需求的全貌，並且把原先的大需求拆解成獨立可交付且有意義的小需求，

以便我們可以基於輕重緩急來安排實作。同時約定一個不太長的交付週期來依序交付。如此一來，重要的需求情節能夠被優先兌現，而我們也留下了反悔與變更的時機點。當然我們得好好思考需求拆解的方式，來避免功能過度相依而導致無法產生變更。」

「總之，你們能夠接受這次新增的需求就好。至於你們打算怎麼做，我尊重你們的做法！」費歐娜雲淡風輕地說道。

「其實我並不是太了解要如何進行，以及我該如何提供協助。」克萊爾一臉困惑地表示。

「反正這次的新增是不可避免的。如果克萊爾也能接受新的做法，剩下的討論不如回到我們團隊內來進行，大家覺得如何？」鮑伯說道，他先是看了一下查德，接著眼神掃過會議室裡的克萊爾與費歐娜。畢竟會議也耗了一小時了！門口早已傳來窸窸窣窣的腳步聲。

「走吧！到你們的辦公空間繼續討論。」克萊爾鬆了一口氣。

出了會議室，鮑伯和費歐娜各自走向下一場會議，而克萊爾和查德則互相調侃地走到團隊空間。兩個人走到一塊大白板的前面並停了下來。

「一直以來我們系統開發所採取的方式都是在年底的時候，花一段相當長的時間討論來年的交付目標。我們會討論一些大小不一的需求，並且針對一些重要細節做討論和設計，接著評估需要的運算資源和開發人力。

雖說免不了有一些資源評估上的爭吵，但大致上更著重在如何為計畫留下緩衝。畢竟大家都心知肚明，計畫總趕不上變化。」查德一邊說著，一邊在大白板上畫著圖（如圖 1-3）。

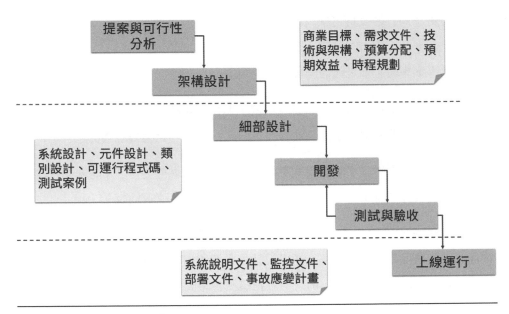

▲ 圖 1-3　目前的系統開發週期

「就像這張圖一樣。我們會分階段地對整體做規劃，同時根據發布的規定安排兩次大上線和驗收。不過遺憾的是即便做了最好的規劃，每隔一兩個月還是會發生像今天的爭吵。

所以，我想在目前的規劃做法上做些調整：

1. 讓需求驗收的週期更短。

2. 需求規劃的細節程度隨著重要性高低，而有所不同。

3. 專案經理能夠定期來和團隊一起討論需求的拆解與安排，並且建一個對話群組來更快地反應問題。」

「讓驗收週期更短？」克萊爾與不小心聽到討論的團隊成員不約而同發出疑問。

「驗收週期變短有兩個好處。一是週期短能夠讓大家更聚焦在重要的需求，並且提供一個及早獲得回饋，甚至是變動的機會。二是以驗收作為目標時，拆解後

的需求會更趨向看得見且可使用的樣貌，而不是像原來做法基於技術結構來分層拆解需求。舊的拆解方式其實不容易讓專案經理來按照重要性安排需求實現的順序，畢竟專案經理並不是軟體開發方面的專家。」查德補充說明。

「別這樣說嘛！我以前也是開發過系統，怎會不懂按技術拆解後的需求呢？只不過我不太明白細節程度按重要性有所不同的意思？」克萊爾急著回應。

「哈哈哈～你當然是了解軟體開發啦！沒有你的跨域能力，我們怎能在需求和軟體設計上取得平衡呢？你最體諒我們了嘛！」查德笑嘻嘻地說。

查德繼續解釋：「至於按重要性來改變細節程度的意思就是重要的或近期要做的需求，才進行更細節的拆解。簡單說就是太遠的需求就別花太多時間去過度拆解，畢竟最後也不一定會做，那又何必花這麼多時間在這類需求上。」

> 📖 **參考**
>
> p.10-2, 10.1 節〈調適性規劃〉

「好啦～就按你的方法做做看！畢竟眼下貌似也沒其他更好選項，你再寄信跟我說一下後續討論時間上要如何配合，我得趕緊去下個會議了，而且你們的團隊成員正擺著各種問號看著你！」克萊爾緩緩地移動腳步逃離現場，同時提醒查德。

隨著克萊爾走去，查德有些僵直地慢慢往後轉向團隊夥伴們！

. . . .

「查德！你是不是把我們賣了啊？！」大家抱怨地看著他。

「當然沒有啦！剛剛去參加了個會議，內容我想大家也猜得到，那就是需求又變了。按照以前慣例，大概吵半天還是得做，頂多有些需求可以延後或是取消，

接著就趕著去做新增出來的需求。結局就是之前開發的東西打水漂，然後大家繼續肝，所以如果可以減少吵半天的場景和做一半停下來的狀況，是不是很棒？」查德趕緊說明來由。

「喔！有這麼好的做法，天下沒有白吃的午餐吧？」有人提出質疑。

查德腦袋正思索著任何的改變總會帶來不習慣，到底要如何向團隊說明可能會發生的改變，並且取得團隊的意願。

「嗯……我們的開發方式會有以下的變化：

1. 以兩週作為一個開發週期來驗收需求。

2. 每個開發週期過程中，如果具有足夠細節的需求數量不夠了，就會進行需求拆解。

3. 驗收和拆解都會盡量邀請專案經理和需求來源者參加。

4. 透過使用者故事對照或影響對照來分析與拆解需求，來找出主要的使用情節和需求整體的樣貌，以便我們可以比較容易在週期內交付可操作的需求，而不是只交付某個函式庫。

這些改變大概會需要 3~4 個月左右才會比較熟練，我們可以固定找一個時間來共同探討具體如何施行或者該做哪些改變，好讓我們更容易實現上述的變化。我想大家最關心的莫過於開發週期裡的需求數量。數量會以大家週期內能夠確切完成的數量作為基準，至於需求的大小取決於拆解需求的慣性和團隊熟練度，所以數量初期會有些高低起伏。我預期會用前一週期的需求數量做為下一週期的參考。而沒有妥善達成的需求則不列入計算。」

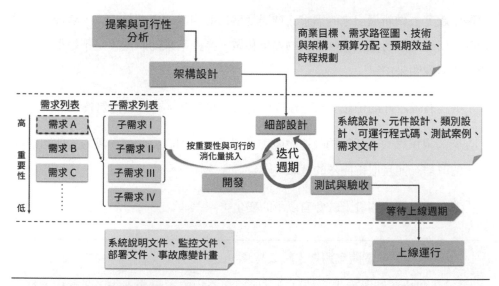

▲ 圖 1-4　引入敏捷後的系統開發週期

白板上畫著一張消化需求的示意圖，如圖 1-4。

「這是不是就是時常聽到的敏捷實務做法呢？那我們要不要安排站立會議和回顧會議呢？」有人好奇發問。

查德回應道：「是啊！不過我一開始只是想既然變更無可避免，是不是能換成迭代的開發方式。至於是不是要進一步使用一些敏捷的實務做法，我倒是沒有特別想法。畢竟我們平常不僅坐得近，也時常聚在一起討論或站起來發表新發現。」

接著查德給出結論：「如果大家也想試一試這些做法，當然沒問題！只不過不管站立也好或是回顧改善也好，都只是期望在不同角度上確認共識和推動進展。」

雖然查德還聚精會神地看著大家是否還有什麼問題要問，然而團隊成員們此時正因為敏捷做法的新鮮感而七嘴八舌地討論著，過程中還不忘在網路上尋找一些資訊，甚至還有人已經開始著手報名一些相關的 Meetup。

看來新做法可以試試看了！查德鬆了一口氣，說道：「我接下來會安排一些討論會議，並且把具體做法寫在團隊平常用來分享資訊的電子公告欄上。」

查德轉身走回自己的辦公桌，心想還得寄封信給克萊爾，跟她說明接下來的安排。

改善碎碎念

這次團隊遇到了需求變更的衝突。除了一些在相當穩定的領域且近乎是大同小異的功能時，需求**或許**可能會比較穩定一些。這邊會使用「或許」二字，是因為需求者的需求會受到經驗和環境，再加上受到眼見為憑的魔咒所影響，因此即便是相當有信心的需求說明，也有可能會發生變更。因此，組織、團隊或個人通常會容忍變更並且找到可接受的變更模式，但當變更異動狀況已經開始讓團隊感到壓力，並出現零星品質問題時，這或許是思考採用敏捷的**最後負責時刻**。

承上節所提及的三個要項來看：

1. **目標**：想要透過調適性規劃的方式來解決需求變更的問題。換言之，就是能以較建設性的方法來接受急件，並且可以先做重要的需求來避免最後的專案延期。具體改善目標物是需求列表。原先的需求列表可能是一張需求總表，並且按分類擺放，團隊按照技術或是相依性來進行處理。改善的需求列表主要會變成兩張，一張是原始需求的列表，另一張則是拆解後的子需求，也是團隊迭代週期內需要處理的需求來源。不管是原始需求還是拆解後的子需求都會按照重要性做排序。

2. **範圍**：除了需要配合的專案經理外，查德所在的團隊仍是此次新做法主要導入的範圍。預期順利導入的時間範圍大概是 3 個月左右。

3. **流程**：主要引入需求拆解和迭代開發等新的實務做法。不過對於尚不熟悉把需求拆解成可以獨立交付但又不至於過大的人來說，思考是否一併引入工具性的實務做法是相當重要的事情。常見的工具性實務做法不外乎就是需求估算和需求描述的方式。此外，團隊也一併引入常見的站立會議和回顧會議，來作為同步與改善團隊開發的做法。

此類導入往往會使用到需求處理速度（數量）和趨勢來觀察團隊新做法的成效。設計**成效評估**方式對於了解導入狀況是相當有幫忙的做法，其目的是為了改善或找出問題點。我們在接下來的節次也會看到類似的成效資料討論。此外，在此節故事中要特別注意一點，就是與團隊外成員（專案經理）的**協作方式**。明確地對溝通協作介面進行管理可以有效穩定導入過程中的資源並降低風險。

💡 **提示**

最後負責時刻（Last Responsible Moment）代表延遲決策所造成的代價高於進行決策成本的時間點。

1.3   愉快的團隊？

敏捷做法在團隊成員熱烈支持和克萊爾的配合下，總算付諸實行。

由於以前都是按技術類型分配任務，然後一次性交付完整的功能，所以大家對於縱向的需求拆解方式還不是這麼熟練。有時還會造成克萊爾不知道如何安排需求的順序，而需要更多的討論才能搞清楚狀況。此外，拆解後的需求顆粒度大小不一，而導致有些需求無法在迭代週期內完成。不過，這一切應該都在改善中。

又是一次失敗的迭代週期，需求沒能按照計畫完成，而且這次沒完成的數量還異常地多。雖說大家對新做法感到新鮮也願意嘗試，但沒達成目標，終究還是使得不少人心裡有些疑問。即便是一開始就支持查德的克萊爾也開始有些微詞。

「唉～」身為回顧會議的主持人，等等的回顧會議還真不知道該如何是好，查德忍不住嘆了一口氣。

毫無意外地，會議室裡有人閉著眼睛不知道在沉思什麼；有人一臉喪氣地看著前方；更多人則正發表著自己的感想：

「上次迭代還以為找到訣竅了，結果這次……」

「沒有辦法好好完成預計的需求，這樣不是跟以前一樣嗎？」

「難道沒有比較科學的做法嗎？」

「說到底能夠驗收的小需求真不好拆解，以前多好啊！」

「會議開始囉！我知道這次迭代並不順利……」查德正尷尬地努力擠出一些話時，路過會議室門口的鮑伯突然把頭探了進來。

「雖然說好不參加你們的回顧會議，但感覺你們是不是需要一些加油？」

「加油！」鮑伯握緊拳頭，做出一個加油手勢後，便趕緊跑去下個會議。鮑伯心裡清楚新的做法對於團隊面對需求變更應該更有效，反正也沒比原先狀況更差。鮑伯從未天真地認為新做法會一次就上手，再摸索一陣子看看吧！

突如其來的加油反倒搞得大家一愣一愣的，但方才的質疑聲也因此停了下來。

「我們開始來看看如何改善吧！」查德清一清喉嚨，以清爽的口吻說道。

「我們這次的確失常得有些嚴重，但應該也不至於乏善可陳，所以我希望大家先想想這次週期裡，我們都做對了哪些事情？」

「我們越來越知道如何寫出讓專案經理看得懂的需求了」

「大家變快就意識到某個需求卡住，早早便和克萊爾反應。這也正是為什麼明明有需求沒被完成，但團隊並未因此受到很大的責難。」

「對！我們這次還和克萊爾商量，先把一些拆解好的需求，用 MoSCoW 的方法分類好，然後再把各分類裡的需求進一步排序，所以大家現在對於需求的重要性都還蠻清楚的。」大家你一言我一句地提出看法。

「看來也沒這麼糟嘛！或許我們需要的是一個方法，把會發生大小誤判的需求挑出來？」其中一位成員直觀地說道。

考量到會議已經進行超過半個鐘頭了。查德擔心會議時間過長，反而使得此次的問題無法有充足的時間進行討論。「雖然還沒特別問做錯哪些事，但剛剛我聽到有人表示我們缺乏一個方式將可能產生大小誤判的需求挑出來，是嗎？」查德一聽到這個想法，便趕緊提出詢問，嘗試把大家的注意力拉回來。

「我覺得我們也不太熟悉使用者故事對照這類的方式。」

「我覺得我們是不是需要一個具體估算需求大小的辦法，否則總覺得有些不安。」

綜合上述的意見，查德在白板上寫上以下的摘要：

1. 我們需要多練習一下使用者故事對照的操作。雖然之前已經舉辦過類似的工作坊和分享，但以結果來說還是不夠。
2. 找一個估算的方法讓大家大致了解需求的大小，也把過大的需求挑出來再做一次拆解。

「大家覺得這兩個摘要是不是我們現在需要關注的呢？」查德問道。

「是！」大家紛紛表示贊同。

問題有共識當然是很好，但要如何解決更為重要。

「我提議可以用我們開發的物流系統來做使用者故事對照的練習。畢竟我們對它再熟悉不過了，而且還能順便再檢視一下原本的操作行為。至於估算方法有人有建議的嗎？」查德一方面說出自己想到的點子，一方面提出問題。

「上次參加線上分享時，剛好有人提到親和估算法，或許我們可以試試看。不過我得再多了解一下，才能跟大家分享。」一位剛加入團隊半年的新人回應，並且順便在白板上隨手畫一下估算法的樣貌（如圖 1-5）。

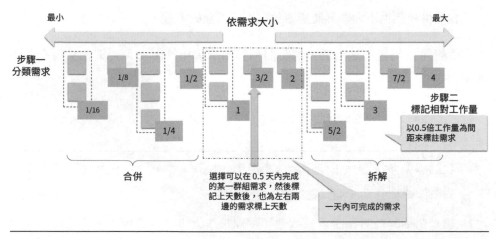

▲ 圖 1-5　親和估算示意圖

緊接著一陣安靜後，大家紛紛表示認同。只不過我們哪來的時間做呢？

「別擔心！按照我們之前的規則，這次我們會排比較少的需求進入迭代週期，所以應該會空出一些時間讓大家來進行上面兩件事。不過，我希望能找克萊爾和我們一起進行，畢竟她願意多了解一些，這並不是壞事。」查德看著大家欲言又止，便率先提出對於時間的安排。

> 💡 **提示**
>
> 根據前次迭代需求完成數量來限制下次迭代可納入的需求數量，能為團隊帶來迭代中改善施行的機會。

殊不知查德再度自願掉入大家的小坑中。

「那就拜託你和克萊爾討論一下囉！」大家很有默契地說道。

「你們！居然……真是真心換絕情啊！好啦～我會去跟克萊爾討論一下，畢竟上次遇到她時，她也想找個時間和我討論一下要怎樣解決問題。不過，這次回顧

的摘要除了我剛剛已經放到電子公告欄上的訊息之外，你們要把其他的討論整理好、放上去，並且把我們需要採取的行動，大大地寫在公告欄最顯眼的地方。」查德說道。

「好的！我們正在將訊息打上去，別擔心這些小事，我們來就好。」某個團隊成員一邊敲打著鍵盤，一邊說道。

• • • • • • • • • •

物流研發團隊有個特點，就是他們不會吝嗇發表「自己」的意見，所以每次回顧會議都能很快產出一堆想法。原因可能是團隊也不過 9 個人，而平常的嘻嘻鬧鬧早已把大家磨合在一起。有什麼問題常常都能自發地趕緊聚在一起做個簡短討論，然後找出解答。

「如此也能安一下克萊爾的心，順便也得和鮑伯同步一下狀況。不過最重要的是需要趕快安排估算方法的討論，並且在最近一次的拆解會議時就來試用看看。」查德點點頭，心裡想著，或許下個迭代能更好。

與之前改善活動不太相同，最近一系列的改變和採取的行動讓團隊重新獲得了活力，大家時常在茶水間分享最近的感想和網路上的相關知識。漸漸地查德不再是唯一會提出改善做法的人，甚至回顧會議的主持人也開始改成輪流擔任。大家開始輪流擔任會議主持人之後，查德目前已經不是最受歡迎的主持人，那位到職半年的新成員已經變成目前最受歡迎的主持人，因為他常常能想出一些有趣的活動來進行改善。

查德突然覺得有些落寞，但偶爾擔任稱職的追隨者也是挺好的，畢竟壓力不用這麼大，還能找點其他有興趣的事情做。

「需求應變和消化的能力是提升了，但感覺臭蟲出現的頻率卻有變高的跡象。」鮑伯看著這幾週臭蟲的統計折線圖，喃喃自語地說道。

改善碎碎念

此節的故事延續前一節的導入活動。在前面的節次也有提到團隊忽略了一些工具性的實務做法，導致團隊在需求處理上遇到了相當大的亂流，甚至心生回到原本做法的念頭。在導入過程中，不僅僅要聚焦能解決問題的做法，還要為這些新做法可能衍生出的衝擊引入配套做法。引入配套做法有時會幫助推動者了解整體導入的複雜性，比方說會有更大的影響範圍，或是需要提供更多的培訓與支持等。

查德團隊除了很幸運地有好的專案經理與主管之外，有兩件很重要的事情扮演著協助團隊度過難關的關鍵——

- 一是當團隊知道有問題時，如何立即和利害關係人進行溝通。
- 二是團隊在風險發生時，主動示警，進而將迭代失敗的衝擊降低。

導入難免會有亂流，面對風險最重要的並不是遮掩，而是將之攤在檯面上，積極地限制它的影響範圍，這才是更重要的事情。

1.4 看似有害但不痛的問題

鮑伯先前的擔憂慢慢開始在系統上發酵，系統接連在測試或展示的時候跑出明顯的臭蟲，還好這些臭蟲都不是在正式環境內被找到，不然問題可就大了。

鮑伯心想這該如何是好，總不能繼續照這個趨勢發展下去吧？到時沒準發生更慘的事情。

團隊在上次改善活動後，需求規劃漸漸不再有太大的問題。但奇怪的是，明明最近需求估算沒有太大問題，大家工作也相當勤奮，卻開始難以守住迭代的目標。

從上次開始使用敏捷到現在也已經過了三個月，之前團隊有約定好除了每兩週的回顧，每季也會重新審視整個改變，更重要的是檢視過去三個月的統計資料，包括臭蟲變化、需求消化狀況、改善項目數量、迭代失敗的狀況，以及來自專案經理根據全年度預期目標的達成狀況。

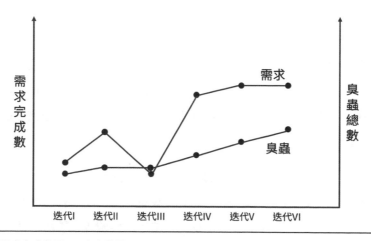

▲ 圖 1-6　需求完成數量 vs. 臭蟲數量

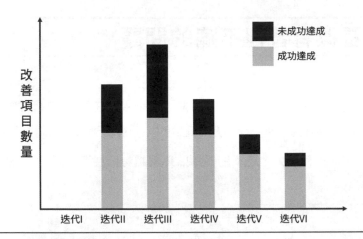

▲ 圖 1-7　改善項目數量直方圖

　　克萊爾也參加了這場會議，並且在會議中表示：「新的做法雖然從整體進度和平均的角度來觀察，結果與過去相差不大。撇除一開始的拆解亂流導致有兩次未能達成迭代目標。目前在進度的掌握上反而讓我覺得比較有信心，而且由於重要的需求能夠先體驗一下，所以需求的準確度也變得比較好，更重要的是有些一致得到惡評的需求，我們現在可以早早放棄。不過比較讓人擔憂的就是臭蟲問題越來越明顯，從統計圖看起來也確認了這件事。」

　　鮑伯也參加了這次的會議，他在克萊爾發表完後接著說：「早期開發系統時，光是忙著在最後驗收期的變更時間就不夠了，對於測試的要求並不是太嚴格，多半是基於當初的談好的需求情節進行操作。如果沒事，大家也就放過彼此，然後看著辦。這樣的做法其實之前也不是沒人提出質疑過，但礙於現實，後來也慢慢都避開不談了。不過現在我們對需求的掌握能力提高了，是不是該回過頭看看能不能多做些什麼呢？」

　　平常總是忍不住說兩句的查德也順勢提出自己的看法：「過去我們多半是年初就按照整體需求設想方案，並且提前做出一些設計，但隨著需求的變化，有些設計其實早就不適合，搞得現在進行開發時，還是得遵照那些設計，不小心忘記照著做的問題時有所見，也難怪臭蟲越變越多。」

查德繼續說：「此外，我們的測試大多是人工操作，雖說提交變更時，大家還是針對相關的測試項目進行確認，但因為操作細節多少還是有些許不同，想不出錯都難。」

「我們能不能提供一個持續運行的體驗環境。畢竟按照公司的規定，半年才發布一次到正式環境。先不說需求做好不能實際使用的浪費，我偶爾需要展示大家的努力時，也很難進行。此外，如果有個持續運行的系統的話，我還能時常透過操作和檢視提早發現一些問題。」聽完鮑伯和查德的想法，克萊爾突然想到。

現場突然一片沉默，讓克萊爾懷疑自己是不是發言不當，只好勉強乾笑兩聲，然後說些緩頰的話。

鮑伯回答：「體驗環境就會需要運算資源，但關於運算資源的管理都是由維運單位負責，研發單位除了發布時會和維運團隊提出要求，不然平常也不太交流。畢竟把手伸進運算環境是不會受到維運單位的歡迎。」他一如往常地眉頭深鎖，表情有些勉強。

「我們能不能用一些自動測試的工具，然後實作一些單元測試？」查德看著克萊爾說，他刻意忽略環境的討論，試著想要繼續討論測試的問題。

「別看著我啊！我可沒阻止你們多做測試唷！」克萊爾回應道。

「但問題是測試實作需要時間呀！」查德鼓起勇氣說道。

「是啦！現在需求掌握度也比以前好了，花一些時間做些測試不算壞吧！還有，同時也要花一點時間把一些真正沒用到的設計從系統中拿掉，否則問題只會越積越多。」鮑伯為了避免熱血查德繼續正常能量釋放，搶著表達一些建議，並且順勢加碼一下重構系統的需求。

「關於重構，目前剛好有個空檔，你們看看要不要排在最近一次的迭代週期裡。此外，測試的部分，你們把實作需要的時間直接估到需求裡，我們試著跑幾

次迭代後，再來看看對於開發進度的影響。」克萊爾似乎聽到了一些暗示，皮笑肉不笑地表示。

查德開心的表情寫在臉上，畢竟剛才鮑伯提到有人提出質疑的那個人不是別人，正是查德。

「那關於體驗環境呢？我是能請維運部門提供一些運算資源，讓你們能夠把東西部署上去並且有全權的掌握能力。當然這些資源都只能內部測試使用，不能開放到外網。」克萊爾沒忘記自己剛才提出的想法，然後補充說道。

「真的可以嗎？！這樣不會造成運算資源管理的困難嗎？此外，我們自己部署自己管理，維運部門不會有些微詞嗎？」湯姆小心翼翼地確認。湯姆也是團隊的一員，平時的興趣就是把玩技術工具。

「沒差吧～反正只是測試用，而且我們早就希望能多掌握一些運算資源。整天來來回回的申請單，大家也不是沒有怨言。」某個團隊成員以積怨已久的口吻說道。

「反正我是沒概念，只要體驗環境能夠存在就好。」克萊爾有點不耐煩。

「那就這麼辦吧！總之看起來沒有什麼明顯的問題。」鮑伯跟著附和。

會議就在這個結論中落幕，大家漸漸走出會議室。湯姆剛好就是這次的會議記錄，他繼續留在會議室裡把剛才的討論記錄下來。

「查德！你真的覺得沒有問題嗎？」湯姆叫住查德，神情有些擔憂。

「我也覺得越俎代庖不太好，而且原先運算資源有些統一管理的準則。現在我們可以操作裡面的環境，不知道會不會帶來什麼影響？」雖然剛才查德沒特別說什麼，但這是因為礙於專案經理的積極堅持，說什麼好像都不太對。

「那我們真的要照這樣做嗎？」湯姆一臉困惑地說道。

「大概是，剛才的結論就是這樣了。不過，我突然想到關於測試還得再引入一些新工具，應該要再找個時間和大家討論一下」查德一邊收拾東西，一邊看著湯姆說出自己的看法。

改善碎碎念

測試是實現品質的一種重要活動，然而品質也是一種需求，偏偏這種需求會因為軟體產出所在的情境不同而有強度上的差異。因此，當討論需求的時候，把它納入討論是很重要的思維，除此之外，要如何實現這個思維也是很重要的討論，無論是手動還是自動都是一種做法。有了做法並且開始採取行動，才能夠為進一步的改善提供比較的基礎。

故事裡的臭蟲因為迭代的做法，開始被凸顯出來。畢竟之前的做法就像是個黑盒子，這些僅有的驗收型測試可能只在最後階段被完整操作，至於開發者是否有完整的測試，那就是另一回事了。不過測試進行的方法不同也會影響測試本身的品質。比方說一些操作型的測試可能會因為測試者的狀態而造成測試結果的品質有所不同。除此之外，如相關測試項目的選擇也會使得測試結果產生偏差。最好的做法便是將測試自動化，自動化測試可以讓測試操作保持一致，也能協助團隊進行規模更大的測試。

此外，隨著任務變得更加複雜化或引入自動化做法時，團隊通常會開始使用更多的工具或技術框架。在使用工具或技術框架時，除了思考如何順利導入之外，日後的維護成本和人員的學習曲線也是很重要的配套考量。

故事中的團隊最後開始嘗試主動建置自己的體驗環境。雖然主動性和具備維運相關能力自然是很值得讚許的事情，但團隊需要考量的問題是會不會引發Shawdow IT 的問題。簡單說就是公司除了有正式的 IT 組織維護正式環境和變更程序之外，公司內還有其他團隊不透過或使用 IT 組織的機能，而創造自有且類似的運行環境或變更程序。當然這樣的情況，不見得對組織有立即的損害，但這樣的做法不只是資源上的浪費，也會造成管理和安全上的問題。

1.5　市場的噪音

以這幾年市場的佔比或品牌的聲量來看，作為一個網路媒體公司，暴風公司無疑是佼佼者，再加上延伸經營的線上購物業務，市場對於執行長克莉絲汀這幾年的表現總是讚譽有加。不過對於克莉絲汀來說，獲得這些讚譽固然很開心，但她更在意逐年的業務統計資料趨勢所透露的訊息。

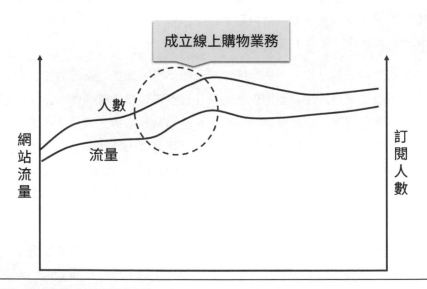

▲ 圖 1-8　網站流量 vs. 付費訂閱人數

　　從圖表中（如圖 1-8）可以發現，網路媒體業務所產生的網站流量成長在四年前已經開始明顯趨緩，而線上購物業務則是在三年前開始。當時也是因為注意到趨緩的狀況，執行長才計畫透過擴展業務來增加營收來源，也期望透過媒體平台與線上商品的連動經營，產生互利的綜效。

三年過去，雖然線上購物成功為公司挹注新的營收，但媒體業務成長變緩的趨勢卻沒有太大改善。今天是半年一次的策略和營業績效會議，克莉絲汀早已坐在會議室內忙著處理電子郵件，而各單位的高階主管則陸續走進會議室。

「會議再過五分鐘就開始了，我們還是加緊腳步吧！」線上購物的最高階主管艾力克斯與媒體業務最高主管布萊德正快步走向會議室。

公司的 IT 維運最高主管雷克斯、物流業務最高主管薩曼莎和人資暨財務最高主管漢娜則先一步坐進了會議室。

十點，會議正式開始！

. . . .

克莉絲汀在會議室的大螢幕上展示今年上半年的營收狀況，並開始說明：「今年上半年的營收狀況都有達標，下半年應該也能有不錯的成績。整體來說公司今年的成長是可以預期的。」

大家紛紛以一種理所當然又自信的眼睛看著螢幕上的報表。

「不過，我的擔心仍然沒有從報表上消失，那就是媒體業務成長趨緩的問題。布萊德，去年底開始著手進行規劃的改善提案，目前進行得如何？」克莉絲汀緊接著說道。

「明年春天就能完成提案，達到預期目標。」布萊德（媒體業務最高主管）回應道。

「按慣例大家各自說明上半年的營運狀況和下半年的規劃吧！記得要特別說明調整之處和對應的市場訊息與原由。」克莉絲汀說道。

簡報持續了三十分鐘左右，最後在漢娜（人資暨財務最高主管）說明完下半年的人力計畫後結束。

克莉絲汀詢問：「最近網路媒體除了許多前仆後繼的自媒體人加入外，大家有注意到最近相當熱門的刺客媒體嗎？」她仍然把重心放在公司最大的媒體業務上

「他們是以遊戲相關內容為主，也讓一些知名的遊戲玩家駐點在線上做些節目，最近也開始經營一些實體活動和線上交流。不過我們主要以生活、時事和產業專家訪談等作為主要內容，內容客群並不衝突，所以對我們的影響並不大！不過效法他們的新公司的確有明顯增長。」布萊德提供了簡短說明。雖然他並不認為這對於暴風的網路媒體有什麼影響，但掌握訊息才能展現自己在媒體業務上的專業能力。

「雖然觀看客群不一樣，但還是要注意一下對方的動態，以及他們經營的活動是否有可取經之處。公司還是要持續探索與使用者接觸的方式，保持在業界的領導位置才行。」克莉絲汀不放心地再次補充。

暴風公司的確還在通往成長的路上，即便最擔心的媒體業務也還是處於成長狀態並且達到營業目標，因此克莉絲汀心裡擔憂卻未做出過於強烈的建議或指示。

會後，布萊德正和艾力克斯（線上購物高階主管）在路上閒聊。布萊德有感而發：「我們持續把原先的內容做好，搭配正在完善的導購、廣告和相關線上產品的互動媒體內容就好了！克莉絲汀就是比較謹慎，但過去幾年公司也是在大風大浪下才走到如今的市場位置。我們應該對自己多有些信心啊！」艾力克斯則是微笑著附和他。到了電梯口，兩個人才分別前往各自的下一場會議。

改善碎碎念

本節的內容主體和前面四節完全不同。前面四節討論的是如何找到對的做法來正確地解決要做的事情，而本節所討論的則是如何找到對的事情，然而這些事情的對和錯往往是結果論。因此，當導入改善的影響範圍很大的時候，務必要仔細思考參與者的視角和所在意的利害關係要件是否與自己提的改善目標有關聯性。

此外，商業追求成長是必然的事情。從克莉絲汀對公司成長的堅定追求就能看得出來。不過，即便每個人都具備整體思維來進行思考與改善，不同的範圍也會造就不同的整體思維，畢竟整體所代表的範圍不同了。執行長會以公司為單位來思考，而各個最高主管則分別以各自的業務單位來思考。此外，單位與單位之間也會有所比較，再加上複雜的商業環境，「找到對的事情並且採取行動」就會變得很困難。畢竟商業的不確定性既帶來機會，也會帶來藉口。

Chapter ▶ 02

從熱帶氣旋到強烈颱風

✍ 前言

　　物流研發團隊為了解決長期的需求變更問題，和克萊爾（專案經理）取得了共識，並且採用了敏捷的相關實務做法。儘管過程有些跌跌撞撞，但他們正慢慢地步上軌道。

2.1　有點不同的事件

採用敏捷實務做法後，克萊爾和物流研發團隊之間的交流越來越密切也順利，再加上之前季回顧會議所提的無用設計問題也獲得了緩解。大家計畫在今年上半年正式部署上線後，再騰些時間做更好的處理，而克萊爾也已經答應這個安排。畢竟自從改善後，臭蟲數量已經減少，而且迭代也沒有再發生失敗的狀況。

　　由於上線到正式環境按照規定要交接給 IT 維運團隊，所以這次迭代週期的任務全是和上線有關的事情。大多是文件的準備，包括建置文件、部署配置文件、異常排除文件、安全檢查報告、事故處理說明和災難復原文件等。上次克萊爾幫團隊和維運單位協商了一些運算資源後，團隊便把測試分支上的版本部署到這些運算資源上。克萊爾經常透過這個環境上的系統進行展示，這樣的做法頗受好評，團隊也不用再為了克萊爾臨時的要求準備展示的環境。現在就是固定在每次迭代結束時，把測試分支上的版本部署到這個環境上就行。

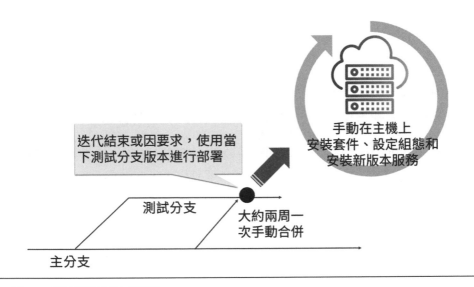

手動在主機上
安裝套件、設定組態和
安裝新版本服務

迭代結束或因要求，使用當
下測試分支版本進行部署

測試分支

大約兩周一
次手動合併

主分支

▲ 圖 2-1　測試環境部署上線流程

　　團隊因此對部署的操作也還算有些信心，但正式環境的規模、網路和作業系統
都和測試用的環境不一樣，尤其是這次為了因應新功能需要多安裝些工具。雖然
記錄與說明的都詳述在對應文件裡了，而且稍早之前還特別為這次的新工具開了
說明會，但無論如何，他們從未在正式環境部署過。

　　「以前上線的時候，事情和問題也沒少過，這應該就是常態吧？！」一位團隊
成員一邊寫文件一邊說道。

　　此次的上線和過去一樣，安排在週五晚上流量離峰的時候。團隊們早已先吃完
晚餐買好乖乖。時間一到便可以和維運團隊一起進行上線。

　　「因為改變需求處理的方式，這次上線的功能可都是大家所期盼的功能，應該
會很順利吧？」克萊爾既期待又怕受傷害，在一旁重複差不多的說辭。

　　「聽說你們自己兜了一個測試用的環境呀？不過，正式環境可不是這麼簡單，
我們可是做了層層把關和設定，才得以讓公司所有系統都能這麼穩定！」IT 維
運部門的主管布萊克一臉得意地說道。

「是呀！我們那個環境就是測試用的啦～自然跟正式環境沒得比啊！這次上線可要靠你們多多幫忙了。」鮑伯跟著附和。

半小時過去後，一些這次需要的基礎設施調整都已經準備好了，正要開始著手部署的操作。如果沒什麼意外，再兩個小時左右就差不多完成了。

「嗯～信也回完，簡報都做好一份了。怎沒見到有人來說完成部署了？該不會大家都先回家了吧！」鮑伯一個人坐在座位上開始喃喃自語。鮑伯雖然很容易激動，但其實也蠻挺團隊成員的。基本上，每次上線他都在場，偶爾還會去買點飲料給大家。

· · · · · · · · ·

「叮咚！」手機上的通訊軟體發出聲響，這讓鮑伯突然起了一下疙瘩。

「上線不太順利，正在討論是否要放棄這次的部署？」查德傳來訊息。

鮑伯快步走向這次上線使用的會議室裡。

鮑伯看著剛好站在門口附近的布萊克，問道：「布萊克！怎麼了？剛剛基礎設施的一些資源不是設定好了？不就剩服務更新和上線嗎？之前我們不知道部署幾次到測試環境了，從來沒遇到問題。怎麼現在搞到要放棄部署？」

鮑伯和湯姆正在會議室的白板前和維運團隊比手畫腳地說明。

「看來有些工具跑不起來，導致服務一直重啟，而且也有看到一些連不上線的訊息。」維運的同仁如此說道。

「會嗎？我們都不知道部署幾次了，怎麼還是如此。畢竟在測試環境部署或更新時，都沒遇到這些事。」湯姆不可置信地回應。

「我們先專心在眼前的錯誤吧！等上線後，再看看到底我們疏忽了什麼事情。」查德補充。

「目前即便要退版，資料庫部分也已經變更了！這部分沒問題嗎？」鮑伯在布萊克旁邊嘟嚷著。

「別擔心！我們是離線部署，所以離線後我們已經把資料庫和運行環境做了備份，退到部署前的狀態應該不是太麻煩的事情。看吧！環境設置管理還是要我們來處理，畢竟我們才是專家」布萊克回答後，還不忘補充一下見解。

鮑伯走到白板前面，開始和查德、湯姆和維運同仁開始討論起狀況。

「目前服務啟動還是會失敗，我們還在盤查哪裡出了問題，猜想應該是組態設定發生問題！」查德向鮑伯進行簡短說明，湯姆則在一旁重新比對文件中組態的說明和實際的設定。

「我剛有和布萊克確認退版的可行性。剛才克萊爾已經先走了，我再打個電話和她討論下是否能退版或延遲一下新功能上線的時間。你們繼續看看是不是能找到解決方案。」鮑伯回應道。

「鮑伯！上線完畢了嗎？可別跟我說有問題喔！」克萊爾接起電話。

「呃……還真是出了點問題。服務一直有些錯誤，我是想跟你確認下是否可以先退版？晚些再上，至於延後上線時間的部分，我會和維運單位協調。」鮑伯的聲音有些尷尬。

「怎麼會！測試環境上不是都跑得好好的嗎？延後上可能會有些問題，已經有些使用者很期待這些新功能，而且也答應會上線了！真的要延，頂多也就 3 天。」克萊爾回答。

「可能得趕緊找到方案解決，這個週末大概是報銷了。我去和布萊克講一下！加油吧～」鮑伯結束電話後，轉身和查德和湯姆說道。

「布萊克！得加班加點了啊～我們得搶在週一完成更新。」鮑伯走到布萊克身邊說道。

「是嗎？我跟同仁講一下，順便看看是不是整個重新過一次，你們這邊也再檢查一下設定。等等一步一步慢慢做！」布萊克回應後，轉身走向維運成員。

時間一分一秒過去。夜晚持續著，戰鬥持續著，現場的人也漸漸失去活力。

最終，在各種嘗試和重安裝後，服務終於跟著隔日的太陽正常工作了。此時，大家已經頭腦昏脹，不想再多說任何話，只想回家好好躺著。

「把白板上的內容拍下來，週一再把相關文件做個更新吧！」鮑伯聽起來有氣無力。

改善碎碎念

正式環境通常有較為嚴格的管理，而傳統的部署方式往往以文件和手動操作為主要做法。不過，手動操作難免容易發生疏忽，因而導致錯誤的發生，尤其當部署次數很少時，錯誤就更容易發生。此外隨著數位發展，不僅為企業帶來需求應變的問題，也使得工具的迭代速度和多元性遠高於以往，進而使文件的失效速度變快，文件維護成本變高。

故事裡的團隊雖然經常部署測試環境，但測試環境和正式環境的差異，也使得他們和部署次數少的團隊沒有太多差別。因此，物流團隊應該思考自動化，以及減少運算環境之間的差異。

2.2 義勇軍

經歷上線驚魂後，查德和湯姆找了當時一起配合上線的維運同仁漢克開了一場會議。會議主要目的是把上週末的上線問題做個整理，順便更新相關文件。

重新整理白板上的討論與實際的操作記錄後，發現上線過程中遺漏了一些設定，而且忽略了一些工具的安裝順序，進而導致整個服務無法正式運作。為此團隊重新調整了相關文件的內容，避免再次發生問題。

「應該沒有漏掉什麼吧？」湯姆按下存檔的同時，發出疑問聲。

「應該是沒有了！」漢克附和。

「嗯！我想是沒有了。現在可以來想想我們到底可以怎樣改善，不然說不準年底我們又得再吃一次苦。」查德說道。

「我們來把自己認為的問題寫在便利貼上，五分鐘後再一起討論這些問題。」湯姆積極地提出方法，畢竟在測試環境部署一直很順利的他，很想知道發生什麼事。

「好啊！」查德和漢克異口同聲。

五分鐘過去後，大家陸續把自己的便利貼黏到白板上，並且把一些重複的部分去掉後，內容如下：

1. 維運人員和開發人員之間不太常溝通，大部分的時候都是在快上線時才有接觸。如果使用到新工具或套件時，維運人員要快速進入狀況其實很不容易，通常只能按照文件操作，所以問題發生時，也給不了太多的建議。

2. 測試環境和正式環境之間還是有落差。比方說測試環境通常規模較小，也不見得會採用高可用的方式部署。這樣的話，即便測試環境部署再多次，相關的操作面對正式環境時，仍然是第一次。

3. 工具安裝與組態設定不會經常進行。除此之外，我們都是以手動方式來操作。有時操作的正確性可能是倚賴前次的操作，但時間一久也忘記這些操作細節，自然也就不會反應到文件上。像這次工具安裝順序所導致的錯誤就是因為這樣發生的。

4. 缺乏一些組態設定方面的測試或檢測工具。這次我們在逐項確認花費了相當多的時間。如果我們能有個工具來檢查組態，當發生錯誤時，能把期望的設定和該設定的目的呈現出來。對於之後有問題發生時，會有很大幫助。

「其實有件事我也蠻困惑的！我們雖然按迭代規劃有實質可操作的產出，但真正的使用者根本用不到這些產出，頂多也就是在測試或展示時體驗一下，而且這還是運行在測試環境上的服務。此外，我還得以手動方式在固定時間在測試環境上做更新，但最終這些熟練的動作貌似對於部署到正式環境沒有多大幫忙，而且還很耗時。」除了剛剛列出的四點外，湯姆以有點沮喪的聲音說道，因為過去半年的固定更新和這次部署問題讓湯姆感到有些無奈。

「我們要不要實驗一下持續整合和部署？」漢克看著這些問題，並且提出一個想法。

> 📖 **參考**
>
> p.10-22, 10.6 節〈持續整合〉
> p.10-30, 10.8 節〈持續部署〉

「如湯姆說的，我們已經在用迭代的方式開發功能，再加上你剛剛講的持續整合和部署。我突然聯想到前陣子看到的 DevOps！」查德接著說道。

「DevOps？那是什麼？」湯姆和漢克望向查德，希望他能提供更進一步的說明。

▲ 圖 2-2　DevOps 概念説明圖

「DevOps 是協助完善軟體開發活動，並且能夠盡快把完成的功能讓使用者快樂使用的一套框架。它覆蓋了整個軟體生命週期。當然更重要的是如同字的組成一樣，開發（Dev）和維運（Ops）能夠緊密地整合在一起。一起合作把事情做好。此外，它還基於精實原則來務實地強化軟體開發流程和持續改善的能力。」查德一邊說，一邊在白板上畫出一張說明圖（圖 2-2）。

「等等！所以你的意思是，之前我們所採用的迭代實務做法正是包含在 DevOps 裡面嗎？」湯姆一副發現什麼似的，快樂地說道。

「對！除此之外，它為人所樂道的自動化和常見搭配使用的虛擬技術正好能夠解決我們剛剛提到的手動問題，還有時間浪費。當然這會讓我們擁抱更多工具，我們可就得學更多東西囉！」查德點點頭表示認同之外，補充說道。

「挺有趣的耶！我們能試試看嗎？」湯姆與漢克再次齊聲回應。

由於 DevOps 會影響到變更流程和人員組成與團隊運作的方式，即便有趣，查德和漢克也得各自回去向他們主管反應這個想法，再來看看如何進行。

「那我們把剛才的討論摘要下來。我會再去和鮑伯討論一下後續該如何進行比較好。」查德如此回應道。

查德向鮑伯反應部署時遇到的問題，也和他表示希望能和維運團隊一起合作採用 DevOps 的做法。

「你能具體列出有哪些要做哪些事嗎？」鮑伯表情平和地問道。

「我們期望能進行下述的項目：

1. 使用持續整合和持續部署來暢通變更交付的流程，並且讓我們做好的東西能夠及早被使用。
2. 建立自動化流水線來加速交付流程。
3. 在流水線上採用更多樣的自動化測試工具，並且包括組態上的檢查。
4. 使用虛擬化技術。
5. 透過建立自動化的過程，將人工操作的資訊以程式碼化的方式進行管理。」

📖**參考**

p.10-26, 10.7 節〈持續測試〉

　　「不過，這些項目需要和維運同仁一起進行才會比較順利。畢竟關於部署環境設定和變更流程的改變都需要他們的協助。」查德一邊打開畫好的示意圖（如圖2-3），一邊向鮑伯說明要項。

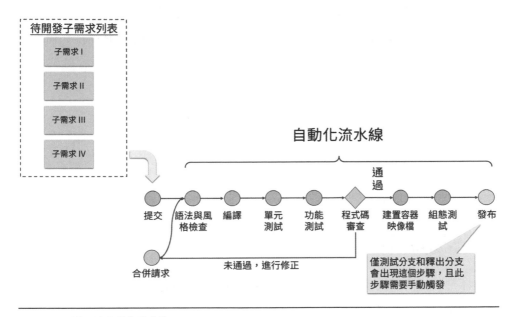

▲ 圖 2-3　導入的自動化流水線

　　「不過，跨團隊合作會需要一些協調。查德！請你幫忙把剛剛的示意圖做成一份簡報。我會去安排相關人員的會議，屆時再麻煩你報告一下提案。」鮑伯回應。

　　一個星期後召開了會議，參與的有查德、鮑伯、布萊克和克萊爾，還有物流最高主管薩曼莎和維運最高主管雷克斯。

　　會議一開始，由鮑伯說明緣由後，接著由查德進行簡報。

「維運單位人力已經很吃緊,而且一直以來都是一年兩次的部署,所以服務都相當穩定。這次上線不順利,不是只要找出日後該補強的文件說明就好了嗎?」雷克斯率先提出看法。

「最近物流單位導入敏捷後,需求功能的實現能力已經得到證明。如果能夠導入如簡報中的自動化流程,提高交付到正式環境的頻率,那不是更能提高需求實現的價值嗎?」薩曼莎也提出了看法。

「是啊!如果能這樣那就太好了。」克萊爾附和。

「其實維運單位的同仁也對這樣的做法感到興趣,不如就讓他們一起試試看。你覺得如何,布萊克?」鮑伯接著說道。

「嗯……如果能達到剛剛講的好處,是也能夠試一試。剛好最近變更比較少,至於變更流程我們可以把這個試驗當作一個特例來處理。」布萊克看勢不可違,瞄了一下鮑伯後回應道。

會議最終達成了決議,由鮑伯和布萊克兩個團隊來進行這個試驗,並且以物流系統的交付作為改善的目標。

改善碎碎念

忘記而未被及時記錄下來的操作和環境落差是造成這次問題的主要原因,而這兩個原因也是實務上常見的狀況。除此之外,不同職能團隊的溝通互動缺乏也會進一步惡化問題。幸運的是故事裡的查德、湯姆和漢克並未在檢討過程中專注在免除自己的責任,而是專注在事情本身。從他們的檢討內容來看,溝通和部署操作都是他們所遇到的問題,也是普遍的痛點。

如故事中所說，DevOps 完整地覆蓋了整個軟體開發生命週期，並且提供了一個更好實現需求的做法，使得敏捷能夠延展到服務運行和後續維運等議題。因此，它所帶來的好處很大，但導入影響的範圍也很大。在導入時，應該從前一章提及的改善關鍵三面向（流程、目標和範圍）來作為出發點和進行思考。

以此次的問題來看，團隊的出發點是想解決部署上線的問題。這個問題的解決方案顯然會涉及開發和維運兩個不同團隊的互動和合作模式。不過，若問題只是限制在這樣的範圍，那或許能從文件、環境和自動化腳本三件事來處理，以便把改變範圍和溝通成本降到最低。不過團隊想透過持續整合與部署來解決問題，並且同時期待完成的功能可以真正被使用者使用。此時改善的目標已經從單純的部署上線流程優化，進階到提升交付價值。當然，從故事中可以發現也是因為價值，使得專案經理或者是高階主管願意提供試驗的機會，而實際上與商業價值結合的改善目標也往往比較容易受到需求方和高階主管的支持。

2.3 訕笑的視線

自從上次會議之後，查德、湯姆和漢克就時常聚在一起討論和分享彼此對做法的發現。克萊爾有時也會加入討論，不過她主要還是希望引入這些新做法的同時，別荒廢了年底該做好的需求，畢竟她為了這次的改變，已經主動幫助團隊協調減少一些需求的範圍，但這些都是因為上半年團隊開始能盡快做出重要的需求，其他單位的同事也都看在眼裡。

「我們討論這些做法也一陣子了。是該開始採取行動了！大家覺得怎樣開始比較好？」克萊爾著急地問。

「我認為可以先從流程角度開始！畢竟這次的新做法有很大部分圍繞著我們原先進行變更的流程，既然如此先盤點原先流程，然後將裡面關鍵的任務挑選出來後，再思考相關的自動化工具。不過我們應該同時安排一些自動化流水線的試驗，甚至是尋求一些培訓資源。」湯姆胸有成竹地提出這些看法。畢竟在一開始提到 DevOps 後，他就積極地學習相關的知識。

「好啊！既然改善的是流程，從它開始當然最好。不過，我建議不要只看變更提交到建置部署的部分，也應該往前盤點到需求，往後盤點到服務上線的監控。這樣對於需求功能是如何在流程中流動、轉變才會有完整的認識。假如發現有超過了此次改變的範圍，也可以把超過的部分當作風險列出來。」查德補充。

「不過我們該如何分工呢？畢竟各自有些對方不了解的技能和資訊，但這次的改善在操作角度上來看，界線上不太明確。」漢克聽完後，有些疑問地提出看法。

「我認為未來的分工可能會長得像這樣！當然還需要繼續調整，畢竟我們還在摸索要如何合作？不過，我想單純按照以前的合作模式可能行不通吧？」查德說明的同時，也在白板上畫出示意圖。

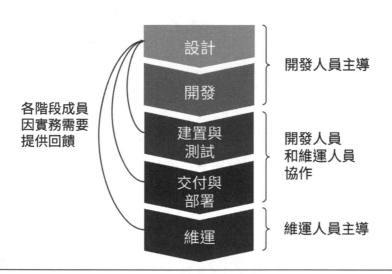

▲ 圖 2-4　DevOps 合作方式

「看起來還行！」湯姆一臉興奮地看著圖。身為工具愛好者，腦中已經開始想像操弄各種工具。

費歐娜正巧經過離討論區不遠的會議室，心中暗想，「原來做法不好嗎？我們就沒出過多大問題，老是弄東弄西還不如多做兩個需求。」

• • • • • • • • •

時間又過了一週。由於討論小組時常在討論區熱烈地交流彼此的想法與發現，難免引來一些好奇群眾。不少人因為感興趣而加入討論，但也有些人覺得那不過是沒事找事做。畢竟需求也好，規則也罷，工程師就是照著做就好，能改的東西不多。

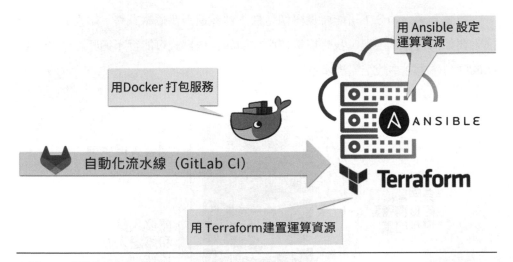

▲ 圖 2-5　自動化引入的工具

　　經過一番折騰與討論，目前預期實作的自動化流水線上比較沒接觸過的工具如圖 2-5 所示。不過，比較麻煩的是如果按照已有文件和必需的操作，自動化流水線的實作可能需要一些時間，那麼到底是要先做個空殼的流水線當作大家一起開發的基礎，還是要各自按照分配的部分實作，完畢後再來整合？

　　「我們接下來要怎樣進行實作呢？」湯姆擔憂地望向查德與湯姆。

　　「我都可以配合，就是看怎樣進行，大家合作起來比較不會卡卡的。」漢克以相當隨和口氣說道。

　　輪到查德時，他又開始滔滔不絕解釋他的想法：「我倒是覺得，自動化流水線既然是程式碼，就應該為它建立一個程式碼庫進行管理，或者就讓它和物流系統的程式碼庫合併在一起管理就好，如此就能繼續使用軟體開發的相關做法，而不用再發明一套管理模式。至於我們想要嘗試的自動化組態設定與基礎設施建置的程式碼實作，也都可以比照軟體專案管理模式就好。除此之外，自動化流水線的執行和上面的任務也需要運行環境，所以最好早點讓這些環境跑起來，大家都可以在同一個環境上進行，免得之後還有整合的問題。」

> 📖 **參考**
>
> p.10-33，10.9 節〈基礎設施即程式碼〉

「我也同意這個想法！」湯姆聽到查德說出心中的想法，隨即趕緊附和。

湯姆接著分享他前陣子學到的方法，「此外，關於流水線的實作，我建議先提交一個有全部階段的實作。至於各階段尚未有實作的部分，可以先印出階段名稱就好，如圖 2-6 所示。總之，先讓自動化流水線真的流動起來！」

▲ 圖 2-6 未實作的空殼流水線範例

「哇，湯姆！你真得很認真在學習相關的做法，還好有你加入我們這次的改變。」查德聽完馬上稱讚。

另一旁的漢克則是雙眼水汪汪地望向兩人:「真是不錯!不過各位,我可能需要一些協助。我們之前的操作多半是單純地執行指令,對於一些程式碼撰寫還有點陌生,初期我可能需要各位多給我一些建議。當然我也會盡量將知道的一些維運細節告訴兩位。」

「這些日子的討論不就是如此了嗎?我們也會遇到不太清楚的地方,還不是得靠你解說,我們才更加了解服務運行的基礎設施。DevOps 不就是如此嗎?好啦~別太擔憂!」查德回應。

改變仍然繼續推動著,雖然實驗過程中屢屢會因為不熟悉而有錯誤,但工程師們還是樂在其中地解決問題。小組同時也沒忘了基於生命週期將原先迭代和目前的流水線結合起來,並且討論了如何將目前做法與服務上線後的監控做連結。DevOps 落地在此次物流開發流程的全貌如圖 2-7。

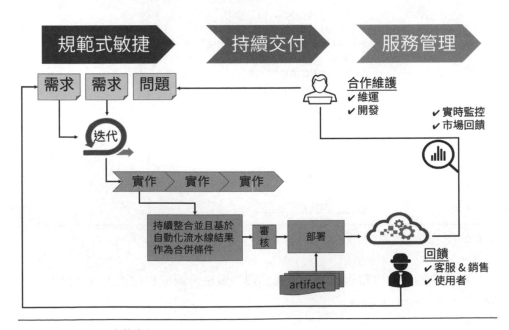

▲ 圖 2-7　DevOps 完整流程

這些流程圖和內容也都還留在大家平常會聚在一起討論的白板和牆壁的白報紙上，供大家有需要的時候就可以進行討論。當然這些內容也免不了引起一些消極者的側目。

「幾乎所有檢查都使用自動化的方式進行，就連部署部分也是。更讓人匪夷所思的居然是每兩週就會上一次線！」

「真有這麼急著上線嗎？到底在想什麼？」

「有些危險的操作真的不用人來做可行嗎？」

「原來稽核需要的過程記錄，現在都自動了要怎麼處理，況且還這麼頻繁！光做文件都累死了……」

從這次導入新做法開始，一些相關的消極言論就從未消失過。唯一幸運的是這些言論都還只是停留在言論的狀態，所以這群小團隊並不在意這些言論，畢竟，改變總有人愛，總有人不愛，不是嗎？

改善碎碎念

新議題在組織發酵時，除非是相當具有機密性的議題，否則很難不為人所知，只差訊息是透過非正式管道或正式管道罷了！因此，讓訊息和目標透明有時反而能夠為組織挹注成長的動能，同時培育創新的文化。

故事中的四人小組透過一個固定的討論空間，並且開放他人加入討論和觀看，其實是一種很好的做法。它會引發組織其他人的興趣，並且為範圍更大的改變做好暖身。不過，如果團隊能夠進一步透過更多元的管道散布資訊，並且及早開始做分享會更好。因為這樣的做法可以幫助組織不同面向的人提早了解變革的現況，而非透過猜測或片面資訊來理解變革。這些初期的猜測和片面資訊再加上先入為主的想法，往往會引發對變革的不正確解讀與想法，進而造成日後不必要的摩擦。

團隊也應該關注可能造成影響的利害關係人,並且及早建立溝通方式來管理期待和認知。

此外,正邁向 DevOps 的四人小組分別屬於專案管理、開發和維運三個不同職能,這也恰巧反應了 DevOps 的本質,也就是關注整個軟體開發的生命週期,而非單點改善。此類跨職能的合作對於 DevOps 發展有相當大的助益,所以經常容易看到導入 DevOps 的組織會進行團隊重組的操作。因此,當發生變革時,為了能夠更好落實相關做法,組織應該基於流程、範圍和目標的討論,來安排組織結構上或者是團隊結構上的安排。

2.4　掣肘！？

> 隨著一版一版的更新，自動化流水線也漸漸越來越有模有樣。小團隊對於一些瑣碎而容易出錯的指令操作也越來越不畏懼，因為這些麻煩事都包含在自動化腳本內，而且早已在多次的運行過程中，驗證了它的正確性。
>
> 此外，原本需要手動操作的文件也慢慢地被腳本所取代。小團隊為了日後的可讀性，除了撰寫程式碼外，也加上了簡單的註解。
>
> 一切都是如此美好！

某一天的早晨，查德收到一封會議邀請的信件，會議的發起者是維運單位的品質與安全部門主管尚恩，查德感到有些意外，但他似乎也料到會這樣。

「我先去參加一下會議！看來該來的還是會來。」查德聳聳肩，雙手一攤。

「加油！」漢克和湯姆會意地笑了笑。

查德盡量保持輕鬆地走往會議室。這次的會議僅有尚恩和查德參加，信件中尚恩表示只是要了解一下目前小團隊的狀況。畢竟現在的變更流程與自動化有別於之前的做法，而小團隊在如火如荼趕工的過程中，也沒有和尚恩確認過安全與稽核在自動化上的需求。

「嗨！查德～你真是團隊的智多星，總是能夠想出很多創意的做法。這次自動化的做法也是你想的嗎？」尚恩在查德坐下後，馬上忍不住問。

「當然不是啊！還有團隊裡面的成員湯姆和維運團隊的漢克。當然這些想法也都和各部門主管確認過了。」查德回應。

「有些同仁反應你們為了此次的自動化導入了相當多的工具，而且之後變更會變得更加隨意，可能會導致服務持續運行上的風險，所以我有點擔心目前的新做法是不是都符合公司稽核的規則，以及是不是會對其它專案帶來風險。」尚恩接著解釋今天會議的來龍去脈。

「有些問題希望你能夠協助澄清一下。」尚恩在螢幕上投出一些整理出來的問題。

1. 之後變更放行會由誰把關，工程師會自己發布變更嗎？

2. 新採用的工具是否進入正式環境？它們是否有版權問題？

3. 變更、測試和上線是否有留下記錄？

4. 新採用的工具是否有進行安全的掃描和安全漏洞升級的流程？

5. 正式環境的基礎設施操作會由誰操作？還是維運部門嗎？

查德回答：「原來如此！的確我們之前沒有早一點和你討論相關做法，才會讓你有這些擔憂！關於這些問題我先大概簡述一下目前的狀況，然後再看看你是不是還要進一步的說明或討論：

1. 工程師的確可以發布變更，但不會是提出變更的人。因為自動化後的內容都會遵照軟體開發的規則，所以變更都會由開發者之外的人進行審查後才會合併。另外，審查者都會是對應的變更把關者，比方說關於基礎設施相關的操作就會由維運同仁來加入審查。

2. 我們都是使用開源工具，而且針對日後可能發生的費用也都有做進一步的規劃，所以應該沒有使用上的問題。至於是否會進入正式環境，我們使用了容器技術和一些監控的工具，所以正式環境的確會有新的工具進入。

3. 如同軟體專案一樣，變更都會有對應的請求記錄，相關的審查記錄也都會在該請求上面。自動化流水線執行測試都會留下過程的日誌和結果，而且如果

測試失敗，流水線也會停止。上線的部分，除了測試環境之外，正式環境的部署會設置成手動，當確認完畢後，才會人工觸發部署的自動化腳本。

4. 基本上，工具都會採用最新版本。

5. 現在基礎設施的相關操作（包括建置）都改用自動化的腳本撰寫，所以如同剛才的說明。這些腳本也會依照軟體開發的規則來進行程式碼管理和版控，而且新建了一個專屬的專案。這個專案上的成員都是被授權可以進行相關開發與變更的成員。」

「容器？監控工具？基礎設施自動化腳本？」尚恩似懂非懂地說出了些專業術語。

「這些技術操作有相關的安全最佳實務做法嗎？你們目前的管理辦法是什麼呢？我們既有的做法都有相關文件記錄，如果現在採用自動化的方式，要如何提供相關文件記錄呢？此外，這些新採用的工具進到正式環境，甚至是工程師的使用，都需要有相關的管理方式。我們之前的做法都需要通過申請之後，我們才會把安全的工具安裝檔提供給大家使用，但目前為止這些工具應該都是你們自己下載後使用的，對吧？」尚恩開始對查德解釋的做法來提出要求。

「關於自動化的部分，任何執行都會有系統日誌，所以如果要查看，可以直接到對應系統上查看就可以了呀！至於工具的部分，按照原有做法的確是要申請再使用，但以我們現在的時程安排，根本就做不了這些事情。我可以先把目前用到的工具列出來後，提供給你們確認。不過之後是否能一起討論更好且更快的做法呢？」查德開始在白板上畫出新流程上各個關卡對應會自動產出的日誌（如圖 2-8）。即使查德神情有些不悅，但他還是希望能解釋得更清楚一點。

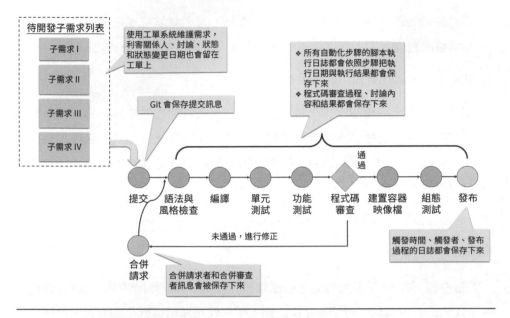

▲ 圖 2-8　新流程各關卡所保存的記錄

　　沉默了一陣子後，尚恩表示：「請你把這張圖和相關管理方式的說明寫成報告後，我們再開一次會討論。喔！別忘了邀請鮑伯和克萊爾一起出席，並且在會議前把報告寄給大家。」

　　「那就先這樣吧！」查德回應後，感到有些氣餒。

· · · · · · · · ·

　　「一如往常地得再交些報告，然後開會。不過我比較意外的是看起來有人對我們的新做法感到相當不安！不知道發生什麼事了？不就只有改到我們的部分嗎？」查德回到平常小團隊討論的空間後，開始無奈地抱怨。

　　「真是的！每次都是被這些事情絆住，而且那些不安的人可以直接來問呀！一直透過別人也太不光明正大了，我們又沒有礙到他！」漢克對於努力受到質疑，同樣感到忿忿不平。

正當他們還在煩悶時，鮑伯突然走了進來。「嗨，各位！一早就聽到你們被召見了呀！狀況如何呀？」

小隊成員苦笑著看著鮑伯：「怎麼你出現的時機都這麼剛好。」

查德又再一次描述剛剛的會議，說完長嘆了一口氣：「做人真難。」

「不難！不難！再難都沒有你們把這些根本沒人用過的東西兜出來。公司本來就對安全有些要求，你們就當作重新檢閱一次整個流程和自動化做法的機會吧！」鮑伯笑著回覆。

「倒是……反正我們先把報告準備一下，然後安排會議時間。記得先讓我看一下報告唷！」鮑伯欲言又止地接著說。

「好吧！也只能這樣。」小隊的成員有些力不從心地回應鮑伯。

當鮑伯開門要走出去時，他又回頭說：「好啦！我還要再去下一個會議，就剩這一步囉！結束後，我們去聚個餐吧！」

「我們來盤點一下現在流程的權責和相關安全細節吧！」查德走向白板開始畫了起來。「重點應該在新工具如何安全地引入、各種環境部署權責和相應的安全性掃描與管理。」

「人員的培訓是很重要的，畢竟之後不是只有我們三個人負責，包含物流研發團隊與維運團隊都會面對這些改變，而且如何分享我們的發現與做法也很重要，這樣能激發更多好的做法。畢竟我們平常討論時，感興趣的同仁就沒少給我們意見過。」湯姆笑著說。

這一瞬間，討論空間的沉悶氛圍都消失了，大家又恢復到原來熱烈討論的模式。

改善碎碎念

品質和**安全**對於服務是否能夠持續產出價值有很大的影響。正因為如此,相關的規則和做法往往必須十分明確且具體,更重要的是後果是能夠被預期和應對的。

以小團隊正打算進行的改變為例子,由於涉及了變更流程,從提供穩定服務的角度來說,影響是相當大的。不過,團隊並未及早建立溝通管道和進行期望管理,這也使得相對較無技術背景的尚恩透過自己的方式了解後,產生了更多的疑惑和憂慮。

從故事內容來看,雖然尚恩(品質與安全部門主管)提出了許多問題,但其實他並沒有完全否定改變的努力,只不過以他的專業和職責的角度來說,仍有他更在意且應該處理的事情。這不僅合理也是人之常情!團隊應該思考的是如何引導或是實際展現如何解決關鍵問題的能力,而非沉浸在沒有被認同的苦惱中。這些問題畢竟與認同無關,而是跟組織是否能持續提供價值和營運有關。

當遇到這類事情時,其實團隊應當求助於懂得處理政治議題或了解對方想法的人來居中協調並提供建議,而非兩手空空地從容就義。以故事來看,這個人很可能是鮑伯、克萊爾(專案經理)或是布萊克(基礎設施部門主管)。不過值得注意的是尚恩的資訊來源——是哪些資訊讓他感到不安?而這些資訊又是從何而來?因為這可能意味著改變團隊在溝通上的不足,而這樣的不足將很容易誘發掣肘行為,增加改變的摩擦。

2.5　意外的成果

會議就訂在上次查德和尚恩討論的一週後，而且會議簡報也已經在會議前兩天寄給參加者。讓查德感到有些意外的是，尚恩也邀請了費歐娜參加。

「她不是對些做法不感興趣嗎？」查德在前往會議室的路上，同時看看有哪些人參加這次的會議。

「應該不會有什麼意外吧？」查德將手機拿給一旁的鮑伯看。

「呵呵……」鮑伯小小聲地笑著，表情有些詭異。

查德不由得打了個寒顫，倒是走在身後的湯姆與漢克沒注意到他們的對話，還有說有笑地談論昨天參加社群的感想。

會議室裡，克萊爾、布萊克、尚恩、費歐娜和一位同樣也是品質與資安部門的克里斯，所有人都已經坐在位子上，各自開著電腦處理手邊工作。

「大家都好早到呀！」鮑伯試圖減緩一下尷尬的氣氛。

「前一個會議才剛結束呀！」克萊爾一邊敲打著鍵盤，一邊抬起頭回應。

「好！我們趕緊開始吧！查德。」克萊爾停了下來，看著查德。

「等等！我投影一下。」查德鎮定地依照自己的節奏，開始把簡報投影上去。

這些內容前幾天前就已經在團隊內簡報過，因此查德介紹起來相當流暢，而且也特別針對安全與權責部分做了說明。

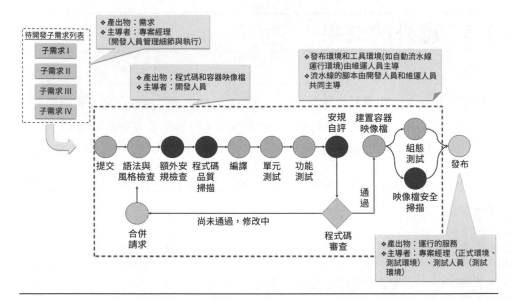

▲ 圖 2-9　新流程的安全措施和權責分配

　　「關於整個開發流程與的權責與安全，除了流水線上的相關安全檢查外，還可以進一步從產出物、變更和自動化流水線三個面向上探討」（如圖 2-9）：

1. **產出物**：對應不同生命週期有不同的階段性產出。如圖 2-9 所示，目前不同的產出都有對應的主導的成員，大致和原先工作範圍差不多。比較值得注意的變化是把原本手動操作文件轉換為自動化後，原本文件轉成程式碼，所以我們就直接使用程式碼管理的方法來進行。

   整體而言，儲放位置、修改原因和可執行性都比以前好。此外，我們也會針對不同的產出物類型提供需要的安全檢查，比方說有靜態掃描和容器映像檔的安全掃描等。

2. **變更**：為了能夠安全發布，流程上的關卡放行，有三個基礎要件，分別是流水線驗證通過、安全規則被確認和有效的實作。

流水線驗證代表的是自動化流水線上的測試都能通過。安全規則代表變更需要符合對應範圍的安全檢查原則，有些檢查已經自動化，而有些則還需要手動處理後，附在變更請求上。有效實作代表變更內容由除了變更者外的相關者進行程式碼審查，來確保實作的正確性，以及程式碼風格與標準符合要求。不過風格和標準部分已經被自動化包含在流水線上前面的關卡。變更生效基礎上都還是手動放行，包括正式環境的服務變更。

3. **自動化流水線**：流水線上的每一個關卡失敗都會讓流水線停止下來，來確保產出物的正確性，而觸發者有責任處理每個失敗，尤其是當部署到任何一個環境出現問題時，開發人員和維運人員需要在最多不超過 10 鐘內，決定從對應的分支上退掉變更或者是提供正確的變更，以便確保分支上的內容始終是正確可運行的。

查德特意在這頁簡報停留並且詳加說明，希望讓尚恩和與會的人了解新流程的可行性和安全性。

查德做完說明後並沒有獲得太多回應，在場的參加者大多都目不轉睛地看著簡報內容若有所思。因此，查德便繼續說，「這些相關做法已經差不多驗證和設計完成，接下來便會正式採用。我來說明一下採用的時間安排，並且切到下一張投影片。」

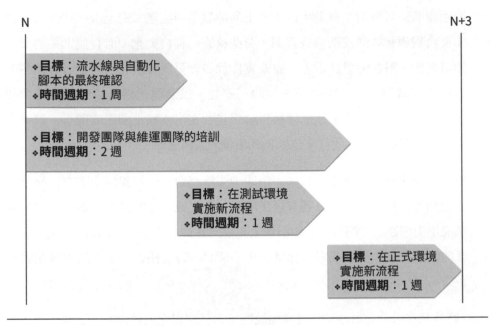

▲ 圖 2-10　新做法導入時程

「由於自動化流水線的設計在驗證過程中，已經逐步實作完成，所以現在就剩下相關人員的培訓與接入正式環境。」查德說明道。

「等等！這麼快就要正式使用了？你們真應該早點和我們討論。從簡報上我還是對稽核軌跡的保存有些擔心，過去我們的做法就是使用文件佐證。我不能確定新流程上的日誌是否能夠滿足這些要求。另外關於第三方套件和工具的使用，我也沒看到更明確地管理方式。我認為還有很多缺漏，這樣的時間安排應該是不可行的。」尚恩說道。

查德和小團隊的臉色漸漸沉了下來，一股不知道是怒氣還是挫敗感油然而生。克萊爾驚覺不妙，趕緊主動提問：「費歐娜！你們都是研發端的人員，你的看法如何？」

「我覺得做法很創新，但落地還有點距離。原先做法沒有什麼不好呀！一直以來都是順順利利的，現在的新做法也沒經過驗證來確保一切都沒問題，所以我和尚恩有一樣的想法。」費歐娜清了清喉嚨說道。

「剛剛簡報也有解釋過關於日誌和稽核軌跡的部分，除了呈現方式和原來做法不一樣外，該提供的資訊我認為一樣也沒少，倒不如說是更真實而且資訊還更多。」鮑伯有些不耐煩地表示，並且示意查德將簡報切到關於第三方套件和工具管理的附錄頁來多做說明。

查德開始解釋：「套件都會由自建的套件庫來管理並且會在固定週期進行更新。週期上不會太長，目前是一個月會檢查一次，避免版本落差過大導致之後更新的麻煩。若是有重大安全問題的話，則會立即更新。更新完畢後，會通知研發團隊並且建立對應的任務，來要求團隊有明確的處置。另外，新做法也會建立開發、建置和作為工具用的容器映像檔。這些映像檔除了建置時會進行掃描之外，每個月也會有更新，以便反映相關的更新。當然，這些更新都會觸發通知和新任務的建立。」

一旁沉默許久的克里斯突然開口：「嗯，這些做法的確蠻多是呈現方式比較新穎，但進行的管理倒是沒有太少，反而有點複雜。我比較擔心的是學習曲線太陡，實施上可能會對相關同仁產生衝擊，造成落實上的困難。」

「學習曲線的確是個問題，但我還是有些在意是否符合規則。對了！克里斯是我們單位裡比較懂技術的成員。」尚恩補充。

「好的！不如這樣好了，讓克里斯加入查德他們的小團隊，協助確認和補強新做法和規則之間落差。」克萊爾發言後向鮑伯使了個眼色。克萊爾早就對物流研發團隊能夠及早讓她體驗和交付的成果上癮。如果可以，她甚至希望功能趕緊上線、上線的問題能少則少。

「好啊！我也覺得這個做法很好，畢竟克里斯是這方面的專家！」鮑伯接著說。

「我也是這樣認為！畢竟之前就已經決定要試行 DevOps，而且有這些成果了，不如看看怎樣補強就行。」一整場會議都蠻沉默的布萊克，也附和著克萊爾和鮑伯的建議。

「嗯，那……那就這樣辦吧！至於新做法的時間安排，先讓克里斯加入團隊討論後，再看看如何吧！」尚恩有一種被突襲的感覺。

「那就看著辦吧！反正這些事也不急。」輪到費歐娜開始不耐煩了。

· · · · · · · · ·

會議結束後，小團隊成員邀請克里斯到他們的討論空間，並且詳細向他說明做法。

「產業的安全標準大多以要件形式呈現，以及是否有持續改善和風險管理等措施。因此，相關的實現做法都是可以重新思考的，只要它能滿足要件。我們來看看現在的做法與這些要件之間的關聯吧！」克里斯對於小團隊的努力表示認同。

克里斯加入團隊後一週後，整個新做法的說明與機制變得更加完整。尚恩雖然還有些擔心，但也開始轉往接受新的做法。雖然新做法比原訂計畫慢兩週，但也已經開始運行。

「在討論新做法時，原本一直不敢提到安全與品質單位的想法。想說最後階段帶著鋼盔衝衝看，沒想到還得到他們的幫助。或許真的如 DevOps 所言，開放心態相互合作才能有更好的成果。」查德心中暗想。

改善碎碎念

本節的最後，團隊有驚無險地渡過了考驗，並且獲得安全與品質單位的協助，讓這次的改變能夠以有效且持續的方式發生。

安全和品質很容易被忽略的原因可能是人力的窘迫，也可能是因為職能和背景知識不同所造成。組織中不同的面向會由不同領域的人來負責，這是再自然不過的事情。即便大家的方向一致，但因為每個人的思維都不一樣，還是會免不了摩擦。這也正是引導變革的人應該注意團隊關係和結構如何受到改變影響，並且為此做好準備，甚至是管理這些要素來提高改變的成功率。

Chapter **>> 03**

颱風登陸

✍ 前言

一則以喜，一則以憂。

DevOps 成功導入到物流服務的開發中。他們有多成功，別人看起來就有多落伍。變革對於獲得成果的查德團隊來說是香甜的，但對於默默站在反方的費歐娜來說，可不是這麼一回事。

3.1 你們、我們和他們

自從 DevOps 實施後，圍繞著物流系統的開發團隊與維運團隊仍然保持緊密合作，使得更新穩定度和新功能上線的速度持續地獲得提升。工程團隊也為此士氣大振，團隊的凝聚力也更甚以往。

這些成果也得到公司的肯定，物流研發團隊因此受到嘉獎，而查德、湯姆和漢克更是成了上個季度的傑出工程師。

「我們是卓越的！」開發與維運成員無一不是這樣的想法。

這一連串的發展，讓公司其他研發單位的工程師也開始好奇 DevOps，並且試著將它引入團隊。

不過對於這樣的發展，最開心的人莫過於克萊爾了！因為她再也不用等到最後才知道需求實現後的情況，也不用為了一年兩次的大上線而焦慮！

她現在要在意的只有兩件事。一件事是最近要先做哪些功能才有更好的成果，另一件事則是擔心線上購物服務的功能上線狀況。自從物流團隊能夠快速把需求

提供到使用者端後，反而使得線上購物服務的導購和相關販售管理功能的實作不確定性被凸顯出來。

「到底線上服務的相關功能會不會如預期上線？功能到底好不好用呢？」克萊爾坐在座位上苦惱著。

眼見年底又要到來，為了能夠更好地容納人潮，並且進一步提升業績，克萊爾希望能確保功能和上線時間可以符合預期，甚至可以讓她先進行確認並展示給行銷團隊，以便提早做商業上的安排。為此，她召開了會議並邀請費歐娜、鮑伯和布萊克一起討論。

· · · · · · · · ·

克萊爾為會議開場：「今天找大家來，為的就是討論年底的新功能上線的事。大家也都還記得去年重要功能有瑕疵而使得上線日期延期。最終損失了將近一成的銷售量。」

接著，克萊爾說出此次會議的重點，「我希望這次能比計畫提早半個月，讓我和行銷團隊能夠先體驗與確認。」

「這當然沒問題！我們再討論一下需求順序，以便確保重要功能可以先上。」鮑伯回應。

「等等！線上購物這邊沒法答應這個要求。當初規劃時，需求已經按照人力和技術分工做安排了。現在突然說要提早，到時候出現臭蟲或任何異常，那該怎麼辦？如果有提早的需要，年初規劃時就應該先提出。重要功能就能排在上半年。」費歐娜接著回應。

「**線上購物**能先做點準備，避免遇到上線問題嗎？」克萊爾試著保持鎮靜，轉頭問布萊克。

「只要將上線相關文件備妥，然後有新工具或套件需求就先讓我們知道。這樣一來，上線問題就會少。」布萊克一如往常地回答。

「文件部分我們可以提早給維運單位。不過，我們過去上線很少出現問題，所以不用擔心！」費歐娜對布萊克使了個眼色。

「總之，維運團隊一直都是準備好的。」布萊克強調。

「嗯……到正式上線還有兩個月，為了確保一切順利。我想固定每週一次會議來對齊大家的狀況。到上線前的所有會議邀請我已經送出了！」克萊爾面無表情地說著。

實際上，有這種對話內容的會議過去也沒少開過。每次大概也都是以高頻率會議來解決。因此，克萊爾心裡雖然感到不耐煩，但好像也沒有比較好的辦法。

「等等！費歐娜你們有打算試試看採用 DevOps，就像物流團隊一樣？我想鮑伯應該能夠提供一些協助讓你們可以更好上手才是！是吧，鮑伯？」克萊爾在會議即將散場時，突然說道。

「如果需要的話，我們團隊應該隨時能伸出援手，畢竟我們現在已經相當熟稔 DevOps 了！」鮑伯得意地回應道。

「現在一時半刻要搞新做法，等等造成時程延宕就不好了，而且他們是他們，我們是我們！連負責的系統和參與的人都不一樣。等過了這次上線再說吧！」費歐娜匆匆地回應，然後就急著往下一個會議走去。

「布萊克！你對於線上購物研發團隊也採用 DevOps 有什麼看法？」克萊爾看著還留在會議室布萊克，隨口問道。

「不好說！即便是維運團隊也不是每個人都已經適應這些做法。畢竟工具多且概念又新，或許可能得再向上頭提案，看看是否有更完整的做法。物流研發團隊目前還只能算是個特例。」布萊克直言說道。

「好吧！那就再看看。」克萊爾一臉無奈地回應。

此時，查德正準備著公司內部的分享會。他認為物流團隊的成果應該也能應用到公司的其他團隊，所以只要有人要求他分享些經驗和工具使用方法時，他總是欣然地接受。畢竟，現在的成果和氛圍是一年前的他完全料想不到的。

然而，查德真正料想不到的是，這些做法其實是無法簡單地擴散到其他團隊的。畢竟當時物流團隊的新做法受到高階主管的認可，而且團隊剛好因為之前的需求產出的改善，而使得團隊得以有較好的空閒和情境來導入 DevOps。

改善碎碎念

當 DevOps 在組織或團隊發揮它的作用時，類似型態或交付方式的產品或專案就很可能會被拿來比較。快和好永遠是不嫌少的，因此克萊爾對線上購物團隊也會開始有一樣的期待。不過，變革的契機有時並不是這麼簡單就能夠被觸動，團隊的強勢與否和過往的豐功偉業可能會減低別人對團隊需要變革的要求。這也正是為什麼自發性改善或改善文化是重要的，否則當改善由外部觸發時，往往來得急又不自在。

此外，身處在成功變革中心的當事人除了喜悅外，難免會希望把認為好的事情散播出去。這樣的初衷是好的，但別忘了一項改變能夠完成，通常有很多的影響因素，不會單純只是因為變革本身是對的，就能獲得成功。別因為**倖存者偏差**撲滅了得來不易的成功火苗。

💡 **提示**

倖存者偏差代表忽略了過程中被篩除的關鍵因素。

3.2 文化！文化！文化！

「難道我們沒辦法像物流研發團隊那樣導入 DevOps 嗎？」某位媒體研發單位的工程師正和線上購物研發單位的一位工程師在茶水間裡閒聊。

「別說了！前陣子我不過想導入一個新工具來改善程式碼審查的效率都被說沒事找事了。」線上購物研發單位的工程師搶著講出他最近的遭遇。

「哎呀～你那算什麼呢！上次有次事故，結局變成了批鬥大會，說好的無咎責文化呢？」媒體研發單位的工程師一副相當有經驗的樣子說道。

「說到底我們就只是工程師而已，很難改變什麼吧！可以把份內工作完成就謝天謝地了，尤其最近為了年底的需求正燃燒著生命呢！ DevOps 或什麼改善跟我們應該無關啦。」線上購物的工程師露出無奈的表情。

「公司文化或團隊文化一直都不是追求創新啊！穩定度過每一天就是我今年的願望了。」媒體單位的工程師雙手一攤。

「我只能說物流團隊太幸運了！」線上購物單位的工程師補充，而一旁的媒體單位工程師也點點頭表示認同。

· · · · · · · · ·

自從 DevOps 的議題在公司持續發展後，相似的對話便時常在公司走廊或茶水間發生。有些員工無奈不願多想，而有些員工則仍然想試著在自己的團隊內採用 DevOps，但公司內除了物流團隊有這樣的好結果外，更多的是嘴上說說比實際採用還多的狀況。

最近公司除了 DevOps 以外，另一件大事就是媒體單位正打算啟動一個新專案。由於過去公司媒體服務的內容都是由公司透過精細的規劃與製作才提供給讀

者，因此訂閱者大多只是扮演讀的角色。公司希望讓使用者（包括在他們線上購物平台上架的商家）也能提供內容，並且透過廣告分潤與商品銷售分潤兩項做法來迅速拉抬新功能所產生的內容量，為公司帶來更大的流量和商業機會。

媒體單位的最高主管布萊德召開了一場會議來說明此次專案的重點，並且親自坐鎮整個專案的進行，以便確保在明年春天就能完成專案上線。

「過去媒體單位的服務一直是公司最穩定的存在，也是公司業務的起點。這次將會有許多新功能上線，來為我們的媒體服務刷上新的色彩，帶來更多商業機會。我們必須要讓事情發生！安迪！你是媒體單位的研發主管。對於這次的新功能開發和時程，你的看法如何？」布萊德說。

「這次有許多功能要上線，但有些需求其實還不是很明確，甚至相關的設計是否能夠受到使用者的歡迎，我們也還在摸索中。我建議採用和物流團隊一樣的做法，按照需求重要性分次讓功能上線，並且根據使用者的回應來做後續設計的依據。」安迪回答。

「嗯，我是有聽到物流團隊的相關新做法所帶來的成果。你說的新做法是指DevOps吧？」布萊德接著說，「在你來媒體團隊服務之前，我們也不是沒有推動過敏捷相關的做法，但最終也沒有什麼亮眼的成果出來。你確定這是比較好的做法嗎？布萊克，你應該參加過之前的敏捷改善。我想聽聽你的意見。」

「媒體服務相關系統是公司內最老且最不容易更動的系統，之前的敏捷改善也是因為這個理由而成效不彰，最後不了了之，甚至還因為這樣走了一些工程師。此外，維運單位針對公司三大業務提供了各自專屬的窗口（如圖 3-1 中間部分）。雖然都在維運單位，但三個窗口的成員背景不盡相同，有些人對於物流團隊那套做法抱持很大的懷疑。所以……」布萊克回應。

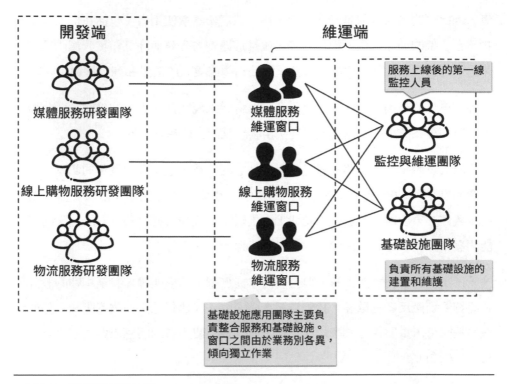

▲ 圖 3-1　維運單位團隊結構

「是啊！物流團隊的相關變更管理措施可以算是特例了，目前也正在觀察這些做法的風險和效度。」一同參與會議的尚恩（維運單位的品質與安全部門主管）補充。

「就是如此！安迪你了解了吧！我知道你之前來自其他媒體新創公司，但兩者規模畢竟不同。大公司總有更多的顧慮和做法，無法相提並論。」布萊德以諄諄教誨的口吻，為布萊克和尚恩的意見做出總結。

「喔，嗯！可是……」安迪努力地想要回應。

「好啦！你也別為此糾結了。過去如此，未來也會如此！媒體服務和它的業務發展一直都很穩定，你只是還不習慣大系統而已。我需要一個如何完成此次專案

的規劃，你先好好專注在這件事上吧！新做法什麼的，之後再說吧！」布萊德為了不讓安迪再繼續糾結，於是直接說出他的想法。

「好吧，我再想想看！」安迪把想說的話吞了下去。

「好了，就看你的囉！」布萊德以輕鬆的語氣接著說。

會議就如往常一樣進行著，然後在市場、大計畫和些許笑聲中結束。安迪走出了會議室，神色有些複雜，剛好被路過的鮑伯看到。

「嗨～安迪！媒體事業要起飛了嘛？」鮑伯不改平常愛揶揄的態度說道。

「別說了～進來之前還聽你吹噓你的 DevOps 導入有多好。我剛剛提議此次媒體新專案也採用 DevOps，倒是吃了個閉門羹。之前也和團隊溝通過，大家也不太有興趣，只說現在的做法很好，DevOps 工具需要學很多東西，而且還要管到維運去。」安迪沒好氣的說道。

「物流團隊 DevOps 真得進展得蠻好啊！公司這麼大，要改變也沒這麼快。剛好物流團隊的服務比較新，而且成員也比較新吧？！過陣子，沒準就會降下神諭全面實施 DevOps 呢！你再多等等，我再多努力努力吧！」鮑伯見勢頭不對，趕緊試著安撫著安迪。

「在這之前我先想想如何完成媒體專案可能實在一點。」安迪翻著白眼說著。

「別太往心裡去，需要我幫忙的地方再跟我說啊！」鮑伯回應道。

結束交談後，安迪心裡還是忍不住想「這真是我原來的期望嗎？」，然後繼續走向另一個會議。昨天發生了服務事故。雖然很快就恢復服務，但按例還是要總結一下問題，避免下次再發生。

· · · · · · · · ·

會議中，由媒體部門的馬克率先發言，「我覺得這次服務起因是來自於一個系統警告訊息未被即時的處理造成的，而且我們的文件也早就寫明這個警告出現時，應該要採取什麼操作。我不知道為什麼維運人員沒有按照文件趕緊處理。」

「你這文件上週才更新送過來，連說明都沒有。」負責媒體服務的維運工程師偉恩很簡潔地回應。

「前兩週安全與品質單位公告了一份文件，也沒有太多說明。我們還不是趕緊看完後並且做了好處置，然後就更新文件給你們。現在這樣的說法不太厚道吧？文件寫得很清楚，有哪些地方不清楚？就算有，你也可以早點問啊？」馬克有點被激怒地大聲說道。

「你們研發單位總是如此，東西寫了也不說明，就要維運單位扛！這實在不合理」偉恩不甘示弱地反擊。

「所以現在打算怎樣？」馬克雙手抱胸。

安迪有點聽不下去，趕緊中斷對話：「好了！今天是要找出問題以後要怎樣避免，不是來開批鬥大會的，所以我們之後怎樣做比較好？」

「還不是……」

「我建議之後有維運相關文件的更新時，更新當下也寄出更新的重要部分，然後按照維運同仁的需要召開一個會議說明，應該就能解決了吧？」馬克一臉無辜的樣子說道。

「我沒有意見！」偉恩附議。

安迪心裡想這次的事故還不算太嚴重，趕緊回去準備新專案可能更好，便隨口說道：「好吧，那就這麼辦吧！」

改善碎碎念

對於研發團隊來說，導入 DevOps 的障礙不只是人、流程和工具三個面向。具有歷史且複雜度高的系統也會提高 DevOps 的導入難度。因素有很多，比方說系統架構耦合度、舊工具和技術、缺乏測試、使用者多、維護團隊多或已進入低度維護狀態等。

因此，剛開始導入 DevOps 時，此類系統通常不是好的起手系統。若沒有選擇時，那麼建議從容易出錯、產生浪費或造成困擾的地方著手，通常比較有機會開始。此外，也應該趁這個機會檢視測試的充足程度，尤其是關乎關鍵路徑和系統架構特性的測試，以便為之後導入更多改善做準備。

當改善從個人擴展到團隊或從團隊擴散到組織時，最常聽到的困難便是文化阻礙，接著就會陷入不知如何是好的狀況或無能為力的思維裡。公司文化是由制度和群體的潛在行為所呈現，然而制度的樣貌會影響潛在行為的表現，比方說僵固的組織結構可能會導致員工找尋溝通捷徑來處理事情。這樣的捷徑會透過口耳相傳來傳播，進而形成一種潛在行為。這類的潛在行為也會影響所在群體的思維方式。當遇到文化議題時，意味著可能現行的管理做法或政策可能有些不適合之處。因此，最好的做法是從能做出顯著產出的改善點著手，並且藉此增加夥伴與獲得高階主管的贊助。

變革通常無法快速達成，即便是很激烈的組織改革，變革要發揮成效並且落地也還是需要時間。若基於上述思維卻遍尋不到突破口時，也許代表公司的業務可能存在某種特性，使得變革並不急迫。如果這樣的情況造成你個人的強烈困擾時，改變環境或許並不是唯一選項，轉換環境可能更適合你。

📖 **參考**

p.10-15，10.4 節〈演進式架構〉

3.3 災難降臨

線上購物新服務上線近在眼前,克萊爾的焦躁還是一如往常的明顯。

「剩兩週了!文件準備好了嗎?」克萊爾在專案會議內發問。

「別急!下班前就會寄給布萊克他們。」費歐娜老神在在地回答。

「喔～新功能呢?!鮑伯你們準備的如何?」克萊爾故意先問鮑伯新功能的開發狀況。

「重要的功能都已經上線,而且上週也和你展示過了。剩下的功能並不是太關鍵,不過我想這次迭代週期就會做完。當然也會上線!」克萊爾的明知故問,讓鮑伯白了克萊爾一眼才回應。

克萊爾沒有太多反應,轉頭問向費歐娜:「那線上購物的新功能呢?」

「新功能都已經『一次』完成了,現在就是在做最後的整合和測試。上線前就會完成!」費歐娜若有所指地說道。

鮑伯心想,「躺著也中槍!明明之前爭執歸爭執,但事後也都相安無事,但自從物流團隊改採 DevOps 做法後,關係就沒有好過。」

「那麼下週我們再開一次會,為上線做最後的確認。」克萊爾面無表情地打著鍵盤記錄。

這陣子為了準備購物潮的新功能上線,克萊爾在行銷和系統開發兩邊跑,就連開會方式也和往常不太相同。速度和成果是她目前唯一的訴求,因此開會也變得要比以往緊繃。

「好啊！那就麻煩你安排一下會議囉！」鮑伯只想趕緊結束會議。

「好！會議通知已經發出，有有任何問題或風險記得馬上讓我知道。」克萊爾補充道。

· · · · · · · · ·

很快來到上線的當週。線上購物研發團隊正在為最後的上線開會確認。費歐娜看著團隊每個成員，問道：「整合和測試都完成了嗎？」

「完成是完成了，但整合的時候發現有時會出現低機率的錯誤。目前還不確定原因，但可能是整合的時候引入的。」工程師山姆回答。

「什麼！那怎麼不早說？錯誤嚴重嗎？」費歐娜開始緊張了起來。

「服務有實作自動重試，只不過我們有觀察到重試次數過多時，會導致服務持續重啟。」山姆回應。

「這個錯誤和哪個功能直接相關？有避開的方法嗎？」費歐娜繼續詢問。

「這個功能和結帳時的推薦銷售組合有關。」山姆很篤定地解釋。

「山姆！你等等跟我一起去和專案經理說明一下。」費歐娜趕緊寄信給專案經理克萊爾以說明狀況。

正要坐回位子休息的克萊爾看到信件後，馬上往線上購物團隊走去。

「不是說沒事嗎？」克萊爾著急地問。

「我們也是在做最後測試時才發現，一發現就馬上告訴你了！這個錯誤和結帳時的推薦銷售組合有關。不過發生機率並不高，系統也有容錯的機制。」費歐娜試著安撫克萊爾。

「沒事？你不是說服務會重啟？」克萊爾繼續問道。

「的確！當重試次數過多時，服務就會持續重啟。不過是低機率錯誤加上需要重複發生才會導致重啟。如果想要避免，那就是先不要上這個功能，其他購物功能都是正常的。」費歐娜詳細解釋了一番。

「所以現在功能不要上了？不能找出錯誤原因嗎？」克萊爾臉色極為不悅。

「我們正在找！有更新就會跟你說，只是想跟你報告一下目前的風險狀況。」費歐娜一改平時強勢的態度，積極地回應。

「總之，功能一定要上線！你知道這可是賺錢的功能？！每天都要讓我知道進展。」克萊爾不耐煩地說道。

「沒問題，我們趕緊繼續看看怎麼解決。」費歐娜回覆。

一旁隨行的山姆聽到後，心裡嘀咕「看來最近又要狂加班了」。

隨著時間過去，錯誤的成因還是不太明確。目前唯一知道的是某個大功能合併到系統後，就會出現這個錯誤，只不過奇妙的是這個大功能其實和結帳、推薦功能並沒有直接關係。

時間又過了兩天，費歐娜想到昨天更新進展時被臭臉。如果今天再沒有進展，就不知道是不是只有臭臉這麼簡單了。費歐娜望向山姆問道：「問題解決狀況如何？」

「成因還沒找到，但發現把推薦銷售組合移到結帳觸發後的話，就沒有觀察到錯誤！」山姆如此說道。

費歐娜稍稍鬆了一口氣，至少有一個不是把功能關掉的替代方案！她打電話給克萊爾，並且說明這個暫時的方案。克萊爾雖然還是有些不開心，但上線在即，只能無奈接受這個做法。

時間來到了上線當天。費歐娜的團和維運團隊一起坐在會議室裡，他們正如火如荼地進行上線任務。幸運的是並沒有遇到太多問題，服務當天晚上便順利更新上去。

「是吧！一直以來我們都是如此。」費歐娜這時才完全鬆了一口氣。

隨著服務上線，公司行銷團隊也開始在隔天按照原定計畫大肆地廣告今年的購物節。

「叮咚！叮咚！叮咚！」費歐娜的手機不斷傳來提示聲響。

「不好！服務正不停地重啟！」正在茶水間的費歐娜看著訊息一邊說道，一邊往維運團隊方向走去。費歐娜到現場時，山姆和團隊內的成員也已經趕到維運團隊那邊，並且看著相關的日誌記錄。

「怎麼了！山姆」費歐娜緊張地問著。

「看起來還是上次那個問題！」山姆盯著錯誤訊息說道。

「不是解決了嗎？」費歐娜驚訝地回應道。

「我們是調換了功能順序避開了問題，但真正的成因一直都沒有找到啊！」山姆一臉困惑。

「嗯……那現在呢？有什麼緩解的做法嗎？」費歐娜強壓著脾氣。

「一個做法是我們趕緊把功能退下來，另一個可能的暫時解法是多開一些備用服務主機，並且透過偵測運行服務的錯誤訊息，在可能會開始進入錯誤循環時就啟用備用服務主機，同時把流量切過去，但這個做法會導致一些剛好在問題服務主機上的使用者突然被迫登出。」山姆向費歐娜解說。

同一時間，克萊爾也打了電話過來。

「你知道客服滿線，顧客抱怨不斷嗎？你不是說沒問題嗎？現在連結帳都不行，你說該怎麼辦？」克萊爾毫不客氣地破口大罵。

「我們也正在立即處理中，現在找到一個暫時的解決方案⋯⋯」費歐娜在電話中向克萊爾仔細解釋。

「現在也只能如此，趕緊先把緩解方案放上去。我先去和行銷和客服團隊討論該怎麼應對。」克萊爾說完便掛掉電話。

最後，雖然找到了問題，但是為期兩週的購物節也在這個問題的干擾下，失去了本該有的亮麗表現。網路上滿是他們購物節服務事故的訊息與新聞，然而糟糕的事情往往不會單獨出現。之前一直沒有視為對手的刺客媒體，也在這時候推出了他們的直播直購服務。它們並且沒有侷限於遊戲領域，而是邀請了不同類型的網紅進駐，聯手拉抬這項新服務。這對於透過單向提供媒體內容，並且單向推銷購物內容的暴風來說無疑是一條開心不起來的新聞。

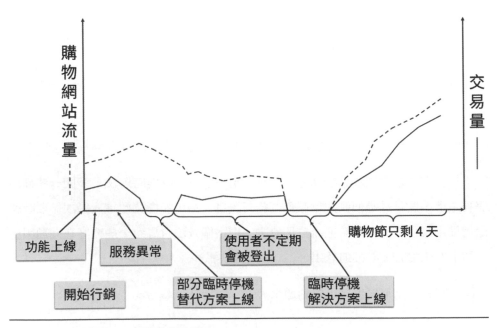

▲ 圖 3-2　事故時間軸 vs. 購物節交易狀況

改善碎碎念

線上購物團隊或許不一定要全面採用 DevOps，但卻不應該忽略自己正在面對的問題，如瀑布式的做法和可能未妥善管理的分支和合併策略。從結果來看，便是在最後整合階段才發現臭蟲。大範圍的程式碼合併除了衝突之外，最可怕的地方就是沒有衝突但有問題的整合。這類錯誤會逃過編譯，並且成為機率性的臭蟲。持續整合除了能夠降低衝突的問題之外，也會減少新舊程式碼整合接點處的臭蟲。

數位服務的時代，競爭幾乎是隨時隨地且來自四面八方的，就如同一開始未被視為競爭者的刺客卻突然猛撲而來。因此要盡可能地尋找改善的機會，採用最佳的開發方式，來保持競爭力和應變力。

3.4 贊助者

在購物節事件與刺客媒體的新服務推出後的一個月，公司的媒體業務和線上購物業務受到明顯的影響。執行長克莉絲汀不得不召集所有高階主管來商討對策。

克莉絲汀一如往常地早就在會議室裡坐著，並且正與漢娜（人資暨財務最高主管）討論公司的財務與人力狀況。薩曼莎（物流業務最高主管）和雷克斯（維運最高主管）則一前一後地走進會議室，而布萊德（媒體單位的最高主管）和艾力克斯（線上購物高階主管）也慣例地一起走進會議室。不同的是平時一副游刃有餘的布萊德看起來有些焦慮，而艾力克斯則是有些頹喪。

會議開始。

「我們需要針對媒體和線上購物兩個業務做檢討，並且找出止血和突圍的方法。」克莉絲汀相當簡潔地說出會議目的。

「之前媒體業務這邊要進行的新專案已經按照計畫進行中，而且有些功能與最近刺客推出的新服務相似，上線後應該能提升我們的競爭力。」布萊德馬上回應。

克莉絲汀並未多做回應，而是繼續問道：「艾力克斯，你呢？有什麼看法？」。

「我們雖然已經找到上次事故的原因和解決方法，但目前仍在檢討開發方式，想要找到一個可以避免此類問題的完整做法。」艾力克斯小心翼翼地回答。

「我不認為公司可以等到春天。媒體業務這邊需要規劃一系列的新功能亮相，以便維持市場聲量。薩曼莎你有什麼好建議？」克莉絲汀聽完後說道。

「我認為布萊德團隊也能採用 DevOps，就跟目前物流系統的開發方式一樣。」薩曼莎很有自信地給出了建議。

「之前團隊內也有計畫採用，而且研發團隊之間也有在交流。」布萊德趕緊補充。

「那怎麼沒用？」克莉絲汀並沒有對布萊德的回應給予肯定。

「媒體服務研發團隊會來規劃如何進行。之前是為了確保新專案能如期上線，而且媒體服務比較有歷史，不敢沒有計畫就直接採用。」布萊德解釋。

「那去規劃看看如何用吧！薩曼莎去幫幫布萊德。我們一定要在這次的挑戰中勝出。」克莉絲汀對著會議中的每個人說道。

「等艾力克斯檢討後的改善方案出來後，請跟我說明一下。」克莉絲汀接著說道。

會後，布萊德神色匆匆地走回辦公室，並且請安迪過來討論之後的新專案進行方式。

「安迪！你覺得我們的新專案該怎麼進行才能提早上線，或者說先讓一些功能上線？」布萊德問道。

「我認為採取 DevOps 做法才有辦法做到提早讓重要功能上線，畢竟按照現在做法就是一年兩次的大上版。頂多是在特別情況下，才能緊急上版。不過，如果我們的要採用 DevOps 的話，可能需要一些幫忙。」安迪回答道。

「怎樣的幫忙呢？是了解物流的那套做法嗎？ 的確如果憑空做可能會太慢！沒問題！我來聯絡物流單位。」布萊德充滿自信地說道。

「嗯，我……！我們需要一些時間來熟練相關工具或是培訓，而且新做法也需要長官們的支持。」安迪支支吾吾地回答。

「嗯。工具如果有不會的地方就去問問物流研發單位的同仁，或是請他們來幫大家介紹一下！工作就是做中學，不是一直都如此嗎！新做法的支持？我支持你採用 DevOps 呀！還有哪些需要我的幫忙呢？你先趕快進行，看哪裡遇到問題再跟我說。你知道的！我支持你。」布萊德笑著說道。

「那好吧，我先去看看怎樣進行，再準備一份簡報向你說明。」安迪回答。

安迪邊走在路上邊想著「物流團隊花了快一年時間才有現在的熟練度，而且不是前陣子才說維運人員樣貌和系統複雜度都不一樣。我們真的能直接複製成功經驗嗎？」

回到了座位，安迪大致向成員說明後，聽到其中一位成員小小聲地回道：「這次又會搞多久呢？開發不是專注開發就好了，還要管維運的事啊？到時候新方法不好能反悔嗎？」

安迪試著多解釋一些後，便寫起信聯絡維運團隊來討論之後的規劃。

消息傳到維運團隊，掀起了一陣騷動。

「你們知道換我們要 DevOps 了耶！」某位好事的成員正坐在位子上閒嗑牙。

「是嗎！我早有預感，只是沒想到這麼快，還好上週漢克分享時，我趕緊去聽了一下。」坐在旁邊的成員一臉得意地回應。

「不知道負責線上購物那邊狀況如何？也在 DevOps 嗎？」一位剛路過的成員停下來加入話題。

「喔～聽說他們只是要加強測試部分而已，開發端的活兒！ SAFE ！」那位好事的成員一副掌握最新消息的表情說道。

「什麼！這麼好！唉～我最近也是在惡補一些新技術。公司的培訓要不是跟不上要做的事，就是一些煙火式的工作坊，外訓補助也不夠，真不知道怎麼辦？」坐在對面的夥伴忍不住說出心聲。

「唉～」大家同時嘆了一口氣，結束這個短暫的休閒時光。

．．．．．．．．．

「叩叩叩！」

「請進！是艾力克斯呀。」克莉絲汀抬起頭說道。

「克莉絲汀！我是來跟你說明一下線上購物團隊對於這次購物節事件的討論結果。」艾力克斯打開了筆電。

「從這次的事件時間軸和問題成因來看，我們認為是測試不足所導致。因此，我們打算強化單元測試和整合測試，並且讓團隊早些進行測試。」艾力克斯照著電腦上的簡報說明。

「那具體要怎樣強化？」克莉絲汀追問。

「嗯！會從兩部分來進行！」艾力克斯把簡報轉到下一頁。

「首先是單元測試的部分（如圖 3-3）。我們原先的做法是工程師開發完後，會交給測試工程師實作單元測試和執行測試。這樣的做法就是開發工程師寫完一陣子後，又要切換到之前的實作來解決測試發現的問題。這樣的做法其實會干擾開發工程師的進度，而且又會引起一些重做的問題。」艾力克斯解釋著。

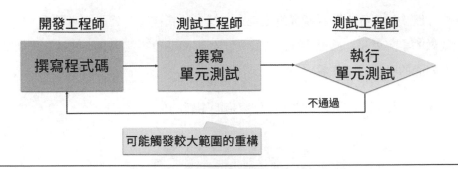

▲ 圖 3-3　線上購物團隊「原先的」單元測試流程

「所以現在會改成讓開發工程師先提供設計和介面定義，然後測試工程師開始實作單元測試（如圖 3-4）。這樣不僅能充實設計文件，又能提早測試，讓測試來監督開發的正確性。這就是測試驅動開發！」艾力克斯的語氣鏗鏘有力，他注視著克莉絲汀，試著為任何可能冒出的疑問做準備。

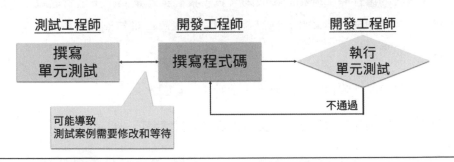

▲ 圖 3-4　線上購物團隊「改善後的」單元測試流程

「另一部分就是整合測試。整合測試也和單元測試一樣有類似的改動。我們會讓整合測試提早進行，並且提高和提早分支合併的任務，以便讓整合測試能及早進行。」艾力克斯接著說。

「這些改善會帶來一些額外工作。我們已經計畫採用一些自動化測試工具來降低測試的耗時，並且最佳化專案的規劃方式。不過還是會影響到一些產出的進展，但整體品質會提升！」眼見克莉絲汀沒有提問，艾力克斯繼續補充。

「很好！可以看得出來你們想要提升品質的決心。不過那就是測試驅動嗎？要不要再確認一下，工程這部分我不是專家，不過正確使用工程做法才能有更好效果。至於功能和時程部分，要確認下商業的顧慮，重要的要先做。」克莉絲汀等艾力克斯簡報完後說道。

「沒問題！我們一定會確認相關做法。線上購物的研發團隊一直都很優秀，我有信心。」艾力克斯回應道。

「艾力克斯！你們有考慮一下物流那邊的 DevOps 做法嗎？我感覺可能也是不錯方向！」克莉絲汀在會議的最後試著詢問。

「我認為目前還不用！這次的事故主要在程式上的錯誤，部署上線並沒有太多問題。不過，我們會評估一下。」艾力克斯回答。

「好吧～先這樣吧！」克莉絲汀沒再繼續多說，便開始準備外出參加一場合作會議。

改善碎碎念

當需要大規模地推動 DevOps 時，來自高階主管的支持往往是重要的，因為他們更了解公司目標，並且具備更好的廣度來為可能發生的改變鋪路。贊助者的出現通常要不是因利就是因禍，可能是由下往上找尋，也可能因為顯著事件而產生由上往下驅動的情況。最好的情況自然兩者皆存在。

以前面故事的情節來說算是因禍，畢竟當物流研發團隊獲得一定成功時所進行的推廣活動仍屬分享性質，而以媒體和線上購物為強勢業務的暴風來說，物流團隊的成功並不容易找尋到契機影響其他團隊一起改變，尤其當其他團隊在改變上落後時，問題會更加複雜，所以暴風的 DevOps 規模化契機最終以顯著事件來展開。只不過通常高階主管了解問題點也知道解決方案，但

對於方案實行時的影響細節不見得有充足的領域知識。當高階主管個性像布萊德時,那麼如何好好與其溝通來引導他了解問題點或所需資源便是推動者的重要工作。直接採用任何成功團隊的做法,而不搞清楚為何有這些做法,以及這些做法形成的順序,將會容易陷入一陣瞎忙。因此推動者應該回到流程、目標和範圍三個面向,並且按細節程度的不同分層條列出其代表的意義和問題,甚至直接地提出所需的協助,而不是只是採用曖昧的詞彙。這類溫吞的做法有時反而只是增加誤會和溝通成本。

在故事中還有值得大家注意的一點是:克莉絲汀只是專注在兩個大業務單位的問題改善,但沒有進一步在這個會議中讓人資相關部門也能參與改善,這一點是比較可惜的。當公司要採用新做法的時候,人資部門往往需要一起提供配套的培訓或是支持措施,這樣才能更好地減輕組織內改變的摩擦。

此外,盡早進行測試來提高品質絕對是一個正確的做法,但本節提及的測試驅動開發卻絕非如艾力克斯所述一般。測試驅動主要是為了讓開發聚焦目的,讓測試來引導開發的進行。單元測試最好是由開發工程師自己進行,並且透過先實作測試案例再實作目標程式的方式交替進行,以便演進目標程式,這才是測試驅動開發所要達成的目的。分離的單元測試開發最終只是增加溝通成本罷了。

3.5 裁撤與重整

自從改善計畫開始後，媒體單位最高主管布萊德便開始積極宣傳所謂的「GoldenMedia」計畫。他號稱要讓媒體業務更切合使用者需求，並且按需求及時地提供最好的功能。之前的新專案也被他納入這個計畫中，期望透過宣傳公司改變和服務創新兩大亮點來說服市場。

計畫開始三個月後，媒體的研發團隊也開始上線新的功能。布萊德為此感到興奮，並且趕緊請安迪整理目前的進展，好讓他向總經理報告目前的狀況。

安迪彙整了目前的狀況，並且也整理了一些發現與建議，打算向布萊德進行簡報。

「安迪！你看起來怎麼有些疲倦呀？今年的特休都請完了嗎？」布萊德以關心的口吻說道。

「這三個月忙了一些，過一陣子打算再來請特休。」安迪平靜地回應。

沒等布萊德回應，安迪便在電腦準備好後就開始簡報：「那我開始簡報了！目前的確已經能夠在功能完成後，透過自動化流水線進行部署。依照目前的需求的安排和實作，預期是一個月就能夠部署到正式環境一次。遇到一些棘手的狀況時，物流團隊的湯姆和漢克也會來提供適當的協助，而且有緊急狀況或問題時，部署也會盡量透過自動化流水線來進行。不過，我們還有一些問題得要繼續改善才行。」

「這些成果我都知道，表現的很好！你繼續說說看有哪些地方需要改善。」布萊德回應。

「首先，我們實際上部署的失敗風險相當地高！」安迪繼續展示下一頁簡報。

「等等！可是我並沒有看到停機的狀況啊？」布萊德感到一頭霧水。

「這是因為我們採用了藍綠部署。當部署失敗或有任何問題時，藍綠之間就不會進行切換（如圖 3-5）。」

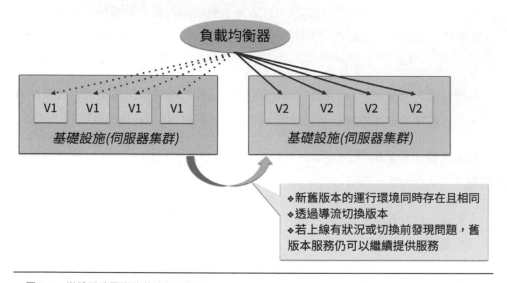

▲ 圖 3-5　媒體服務團隊的藍綠部署說明

「這個機制不錯！那還有什麼問題呢？」布萊德還是感到有些困惑。

「因為在檢討部署失敗的原因時，發現時常會有同仁透過手動的方式去對測試環境進行調整，有時甚至是正式環境，然而卻沒有任何的記錄。一段時間後，其實也沒人記得這件事了，而這些被遺忘的操作就是部署失敗的成因。我們透過直接採用物流團隊的做法，的確很快就提升了部署的頻率，但目前看到的狀況至少有：

1. 同仁仍然不熟悉需求切割的方式，而且在趕著功能上線的過程，並沒有什麼機會改善舊系統的架構，來讓功能實作更容易一些。

2. 團隊對於新做法的認同感不高，而且維運和專案管理的成員也沒有積極參加新做法的導入，使得研發團隊要不是在等待需求討論，就是得去處理維運問題。

3. 直接套用的做法並不完全符合現實的需要。

4. 開發人員和維運人員對於新技術理解不夠，讓很多實作基本上只是能動，而不是知道背後原理。這也使得後續修改與維護變得困難。

5. 安全與品質相關的規範的實現上有些衝突。」

「怎會有這麼多的問題？」布萊德不可置信地看著安迪，但更多的是疑問，因為在媒體產業有豐富經驗的布萊德對於工程相關做法並不熟稔。

「安迪！你們採用新做法一陣子了，如果不合實際狀況，你們就按需要調整吧！團隊認同不高和安全與品質問題的部分，我來幫助你溝通，但你能連同其他問題也做一份報告給我嗎？我想多了解一些。」布萊德回答。

「是！」安迪只是很平淡地回答。畢竟他老早就反應需要長官的支持和培訓，但遲遲未能得到該有的協助。

● ● ● ● ● ● ● ● ●

儘管媒體服務研發團隊在使用 DevOps 上遭遇一些麻煩，但現在公司內部的物流服務研發團隊和媒體服務研發團隊的交付速度，都要比線上購物服務團隊快，更不要說自從線上購物研發團隊的單元測試被要求測試覆蓋率高於 95% 之後，交付速度就更慢了。

「我最近光忙著思考一些創意的做法讓覆蓋率提升，就忙得不可開交了！」線上購物研發團隊的測試人員如此說道。

「別說了！我剛才又為測試實作方式和開發工程師吵了一架。說實在的，單元測試是該讓開發工程師去做，好讓他在開發過程中透過實作測試的過程，更了解自己的設計，而不是透過其他人準備好的單元測試，更何況測試實作也是需要跟著開發過程被改善。現在倒好，還要等我們做完，他們才能繼續開發下去。現在的做法除了累人和無謂的等待，還真不知道有什麼好處。難道我們不能去做其他更有意義的測試嗎？」身旁一位頂著黑眼圈的測試人員說道。

就在這個時候，費歐娜走了進來。

「各位！這週測試的狀況如何？開發進展有什麼問題嗎？」語畢，費歐娜接著轉頭看向團隊的開發儀表板。

「噢！我們這週測試的狀況不太理想，覆蓋率和通過率都有下降，功能實作的進展也有點遲緩。大家要在加把勁，我也來繼續寫個測試吧！」費歐娜一直以來都不是只說不動手的主管，所以雖然人有些古板，但團隊成員還是對她相當尊敬。

「我們能稍稍降下覆蓋率，然後讓開發工程師負責單元測試嗎？這樣測試的品質才會提升，因為現在的通過率其實也是受到低品質的測試影響。」那位有黑眼圈的測試工程師如實說道。

「覆蓋率的數字是之前和長官們說好的，大家就再加把勁！倒是讓開發人員來一起寫單元測試是不錯的提議。」費歐娜回應，並且向團隊內的開發工程師點了頭。

「好！來寫吧！」一位開發工程師立即回過神來。

線上購物團隊再次進入安靜的趕工狀態。然而就在費歐娜與團隊苦於測試和功能進展時，媒體團隊又一次遭遇上線事故，只不過這次上線事故蔓延到了正式環

境，而且跑到了使用者面前。雖然很快就找到問題，但事故就是事故，免不了又會受到大家的關注。

布萊德著急地喚來安迪，想要知道更多的細節。

「安迪！為什麼會發生這樣的問題呢？上次不是說我們的藍綠部署會先將上線的服務確認過，才會切給使用者使用，所以即便有問題也不會馬上跑到使用者眼前才是呀！」

「這次的問題出在切換腳本裡用來判斷的組態值被重設，使得我們想要把有錯誤的版本退下來時，卻把原來正常的服務退了下來。剛剛追查了一下原因，是之前有成員手動調整了組態值，但他忘了跟大家說。因此大家不僅不知道有被重設過，也不知道該次重設裡有錯誤。」安迪沒有多做辯解，只是解釋著原因。

「這個工程師真是的！原來這次問題是這樣。那你趕緊去寫個報告，我來跟總經理報告一下，然後看看要怎樣懲處。」布萊德如此說道。

「這是一直以來的問題，是不熟悉與不合用的流程與工具導致的。這樣的問題可能會發生在團隊的任何人身上，應該要好好解決這個根本性的問題才行。」安迪有些激動地回應。

「你先準備一下報告，在我去跟總經理報告後，再來看看怎麼解決吧！」布萊德快步走出辦公室，準備和行銷部門討論如何應對網路上的新聞。畢竟，這個 GoldenMedia 的任務是要幫媒體業務重新鍍金。

不過這陣子的狀況，身為執行長的克莉絲汀早就看在眼裡，她只是在思考是否多給空間讓團隊面對和解決問題。在布萊德報告這次事故後，克莉絲汀便找了鮑伯和查德來詢問一些想法。

．．．．．．．．．．

「大家應該都知道線上購物團隊和媒體團隊的狀況了吧！我今天請兩位來就是想借重物流團隊的經驗，聽聽你們的想法和建議。」克莉絲汀開門見山地問道。

查德看了一下鮑伯，作勢讓他回應。鮑伯卻笑笑地看著他說：「查德！你來講講你的想法吧！平常你意見也沒少過，不是嗎？現在就是讓你說的時候。」

一旁的克莉絲汀看著他們兩個的對話，不禁嘴角微微上揚，「沒事！就是想聽聽你們的看法，不是要咬你們。」

「首先我認為 DevOps 應該全面導入。我想物流團隊的成果是有目共睹的，能夠先交付重要的需求，不管是商業端還是工程端才能夠有喘氣的空間，並安排其他改善。」查德彷彿不知道為了這天準備了多久似地，深呼吸一口氣後說道。

「我也這麼認為！但媒體研發同仁不也拿了你們的做法去用嗎？結果為什麼不一樣？」克莉絲汀追問。

「因為面對的系統、使用的技術和工具、流程和人員狀況都不一樣。以物流研發團隊來說，系統比較新而且成員人數較少，相關流程除了符合公司規範之外，不管是不成文規則還是額外成文規則都比較少。這樣的情境讓物流研發團隊能夠在需求較不急的時候，有機會做出新嘗試。當然還加上鮑伯、專案經理、維運人員和安全與品質單位同仁的幫忙。物流研發團隊就是在這樣的條件下才能做到改變。不過其實也還在繼續改善啦！」查德說完還不忘謙虛一下。

「跨團隊合作是我們既有的文化，我想其他團隊想要尋求合作，應該也是做得到呀！你有什麼建議？」克莉絲汀一臉認同地繼續提問。

查德回應：「我只能基於自己的觀察提供幾個建議：

1. 除了物流研發團隊外，其實也有不少同仁在各自團隊試著推動 DevOps，但如果希望更大規模地推動，會需要最高主管或者是總經理來主導，並且重新檢視公司治理原則和 DevOps 相關價值與做法是否能夠融合，並且讓安全與品質系統的成員重新檢視原來的做法。

2. 挑選團隊負載較輕的時候導入，並且提供必要的培訓和心理支持。

3. 讓所有工程團隊能夠盡可能在同一處，這樣可以提高彼此交流，促進成長。」

克莉絲汀聽完若有所思，回答：「謝謝你們！聊過後肯定了我的想法。查德！為什麼你這三項建議裡對於工具技術提及的部分很少？DevOps 不是很看重自動化嗎？」

查德提出解釋：「自動化的確在 DevOps 中扮演很重要的角色，但實行和面對任何改變的終究是人，不是嗎？每個人在意的事情都不一樣的，所以透過公司的治理政策和流程並且提供支持，才有可能引導文化轉變，讓事情真正落地。至於工具，的確有些很難也需要時間學習，但 DevOps 重點是讓價值流動順暢有效率，自動化只是一種做法。其實說到工具技術，我還比較擔心未經思索大量使用工具技術。」

「嗯，很好！查德、鮑伯！謝謝你們！數位時代下的市場變化很快，我們不能只是媒體公司，我們還必須是軟體公司。公司需要你們繼續支持，我後續還會再找你們討論。」克莉絲汀說完，便起身準備趕往下一場會議。

實際上前陣子布萊德報告完後，媒體研發主管安迪便黯然離開了公司。離開前的對話讓克莉絲汀有些感觸，心想是該採取一些行動了！因此，當查德提供建議時，她更加認為有必要重整組織的結構，讓組織可以更活化、更有創新能力。

「公司需要的是改革,而不只是改善!」克莉絲汀在前往高階主管會議的路上,心中這樣想著。

改善碎碎念

硬搬硬套 DevOps 對於團隊的傷害是相當明顯的。雖然這麼做還是會因為自動化帶來一些效率上的提升,但是對推動者或熱衷者都會帶來傷害,使得他們不願意再多做什麼,進而尋求其他機會,而且也會對服務穩定性埋下隱憂。身為一個贊助者或領導者需要意識到這些問題,並且主動地提供支持性的做法,例如進行固定的會面來聆聽困擾、提供匿名的意見管道、激勵措施或熟練新技能的時間和空間,來讓身處混亂中的成員能夠理解這些改變不僅是必要的也是受到支持的。此外,更要明確跨團隊合作間的職責和最低要求,否則當新技術或工具不熟悉或不適用時,就可能採取繞小路的做法,比方說手動進入環境調整組態,這是相當具有風險的行為。

回到線上購物團隊的測試議題,測試肯定會帶來時間成本,但無厘頭式的覆蓋率要求則會讓時間花費變成單純的浪費。覆蓋率會因為設計或者工具而導致難以提升的狀況,尤其當面對沒有太多測試的舊系統來說更是如此。一般來說,覆蓋率以 80% 為一個比較不容易產生無效案例又能達成的目標,但建議仍要考慮團隊的技能成熟度和工作量狀況來逐步提升,以及團隊的系統狀態與技術組合來調整覆蓋率目標。對於正打算做單元測試的團隊來說,最好的起手式做法是要求成員從目前正在開發的範圍開始做起,並且利用空餘的時間來幫關鍵的元件補上測試。

Chapter ▶ **04**

放晴的日子

✒ 前言

暴風迎來了真正的暴風，在事故與競爭者的壓力下，執行長克莉絲汀決意採取行動來讓公司走回正軌。在過去一年，她一直持續觀察導入 DevOps 的物流服務研發團隊的狀況，所以她早有全面導入的想法。或許這次的危機就是導入 DevOps 的好機會吧！

「暴風將不再只是提供媒體、線上購物和物流服務的公司，它將也是一間軟體公司」

——克莉絲汀，**CEO**

4.1　恍如隔世的早晨

> 自從克莉絲汀召開組織重整的高階主管會議後，公司流言蜚語四起，再加上幾經事故與市場競爭，暴風媒體的訂閱率與購物業務都呈現低迷狀況。GoldenMedia 計畫也慢慢不再被提起，而且自從媒體服務主管安迪離開後，團隊也因為士氣低迷而接連有員工離職。現在，這股離職潮也開始蔓延到線上購物服務研發團隊。

查德在上次與克莉絲汀會議後，後續又參加了多次的相關討論會議。公司為了加速組織應變市場的能力，高階主管們已經達成共識，決定重新調整組織架構並且將更全面的導入 DevOps。

在一場全公司的會議中，克莉絲汀向所有同仁報告了這件事，並且向大家說明當前市場競爭激烈，所以公司需要有更敏捷的做法，而且也希望大家了解暴風不

只是媒體、線上購物和物流服務的公司，更是一間軟體公司。接著，便對組織架構調動的部分（如圖 4-1）進行說明。

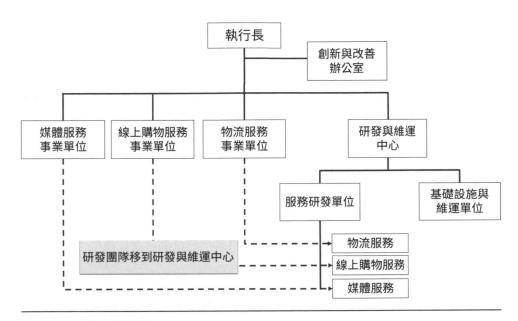

▲ 圖 4-1　組織架構調動圖

調動後的組織架構中，仍維持原有的三大業務單位。只不過把所有研發團隊從原先的各業務單位中拉出來，並且和維運團隊合併為「研發與維運中心」，來讓工程研發之間的技術交流可以更加順暢，而且人員調度也能夠更加地有彈性。此外，還增設創新與改善辦公室來協助公司落實 DevOps 的導入。

由於創新與改善辦公室首要的重點便是 DevOps 導入，因此當時為物流研發團隊導入 DevOps 的相關人員（包括查德、湯姆、漢克、克里斯和克萊爾）便理所當然成為了第一代成員。

由於克莉絲汀希望能夠更了解 DevOps 導入的影響和可能的做法，新成立的創新與改善小團隊便馬上投入盤點的作業，以便更深入了解目前從需求發現到需求交付過程中的相關流程與規則和既有的服務樣貌。

在盤點完目前現況後的一次討論中，品質與資安部門的克里斯率先提議討論關於變更上線流程的事情。這一年來他早為此煩惱不知道幾次了。

「自從物流服務研發團隊開始採用 DevOps 後，便陸續有人希望能像物流服務研發團隊一樣，也採用特例方式來處理。這使得團隊之間的變更流程出現差異，變更的品質也越來越不好管理。前陣子，媒體服務的事故便是因為如此才發生的，所以我認為應該要有一致的做法來避免類似的問題。」克里斯語重心長地說道。

「以前的做法常常都是花一堆時間在工單和簽核。如果有意外發生又要特簽、換單和退單，常常把執行的人用得人仰馬翻的。經驗比較少的人根本無從做好這件事。難道沒有比較好的做法？」克萊爾首先回應。

「對呀！採用一些新工具後，明明有些事情都已經自動化而且簡化了，結果還是得埋首在一堆文件中。」漢克也在一旁附和著。

「以開發角度來說，想要用新套件才真是一個麻煩，有時連升級套件也是沒得輕鬆。任何事情都要先申請後使用的話，時間根本都來不及。」一旁的湯姆也有感而發。

「我能理解需要留下稽核軌跡以供日後參考，但也同樣了解各種軌跡留存的痛苦。有些時候我甚至不能理解為何不能換個方式來記錄，好讓事情更加有效率？就像我們之前透過自動化的執行日誌來當作軌跡一樣。我們的確是該簡化，但也不能使得關鍵原則被破壞。」查德聽完大家的想法後，也表達了自己的看法。

「嗯，我們在這些事上也很兩難，畢竟時常得和各團隊爭論這些事情。如果能夠在關鍵原則和方便與效率之間取得平衡，我認為是一件很好的事情。只不過我們真的能想出一個做法是適合所有團隊嗎？會不會到時候還是要開特例？」克里斯並未因為這些反應而有過多情緒，反而更想要找到一個適合的做法。

「我們現在討論的方式相當零散，而且也不知道是否有充分思考到如何運用 DevOps，是不是應該有個更全面的討論方式呢？」克萊爾發問。

大家都點頭認同，並開始思索該如何開始討論。

查德沉思了一會，然後開口：「我認為可以從新需求提出到上線的完整流程來進行討論。畢竟 DevOps 覆蓋了整個軟體生命週期，自然也覆蓋了整個流程，所以我們可以根據重要關卡和活動把貫穿整個生命週期的流程畫出來，然後再根據這些資訊來討論。」

大家紛紛點頭表示認同，「那我們就來把目前盤點到的資訊來依照流程整理到白板上吧！」

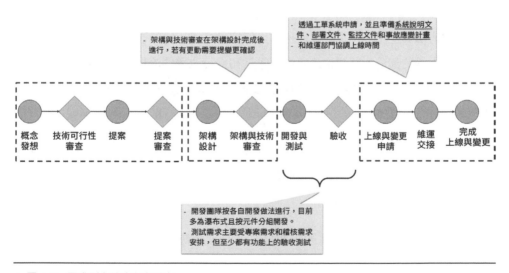

▲ 圖 4-2　需求到上線流程與關卡

隨著繪製的過程，大家對於每個環節和相關活動的理解也越發深刻。除了重新理解關卡外，也開始了解這些關卡背後的重要性和需要改善的必要性。畫完後，大家又重新聚焦到變更上線流程這個主題上。不過此時漢克突然發問：「難道我們不能直接用物流研發團隊的實現方法當作標準嗎？」

　　所有人突然陷入一陣沉默。一方面覺得既然是成功經驗，沒有道理不用，另一方面又想到當初媒體研發團隊就是因為硬搬硬套，不僅導致團隊混亂，也引發了後來的事故。

　　「那到底該怎麼辦呢？」大家同時提出同樣的問題。

　　查德突然轉向克里斯，想和他確認細節，「當時媒體研發團隊是因為不熟悉技術工具，所以採用手動操作而導致服務事故，是嗎？」

　　「除了這個以外，還有系統和技術的限制和需求拆解的問題，使得他們並不好落實物流研發團隊的所有做法。」克里斯繼續補充。

　　查德似乎想到了什麼，便開始說明：「如果現在大家認為最重要的問題還是在變更上線這件事，再加上從剛剛的整體流程來看，物流研發團隊在變更上線部分以外和大家的方法都差不多。那麼我們是不是能把剛剛畫出來的需求到上線的流程中，關於變更上線的部分對照到物流研發團隊當初進行改善的流程，再根據那些關卡和活動，看看當初物流研發團隊採用新做法的準則是什麼，然後把這些關卡目的、關鍵產出和原則當作要求。至於如何實現以及採用哪一種工具則不過度干涉。」

　　「當初物流服務研發團隊也是基於 DevOps 的最佳實務做法與原則。透過查德剛提的比較方式和原則的提煉，應該既能確保公司原有的需要，又能獲得採用 DevOps 的好處。」克萊爾補充。

　　「簡言之，就是提供治理原則而非管理細節，是嗎？」克里斯表示認同，並且說道。

　　大家又開始一陣沉默，想要努力消化克里斯剛才的發言。

　　克里斯意識到後便趕緊說明，「關於管理和治理的意思，大家別想得太複雜。其實管理是確保把事做對，而治理則是確保做對的事。要求大家一定要照變更上線流程所規定的執行細節來進行，這是一種管理行為；但要求大家一定要有一套變更上線流程來達成交付目標和品質，則是一種治理行為。換言之，我想我們可

以設計一些需要遵守的關鍵要項和做事原則，至於細節的進行以及如何進行日常改善則由團隊自理。不過，各團隊當然需要能夠說明當前做法與原則之間的關聯性，來滿足稽核時的需要。」

📖 **參考**

p.7-37, 7.4 節〈POWERS 與治理〉

「喔！簡單說就是我們為每個專案和團隊設計一個護欄，只要團隊在這些護欄內做事就一定不會出事，只要超出護欄就會有問題。這樣的話，一來可以守住我們組織對於安全和品質的期待，也能為團隊提供彈性的空間，而不是每個團隊每件事都同一套做法，把大家框得死死的！」克萊爾眼睛一亮地自信說道。

「是的，就是如此！」克里斯回應。

「那我們來動手把剛剛的想法畫到白板上來討論吧！」查德豁然開朗地說道。

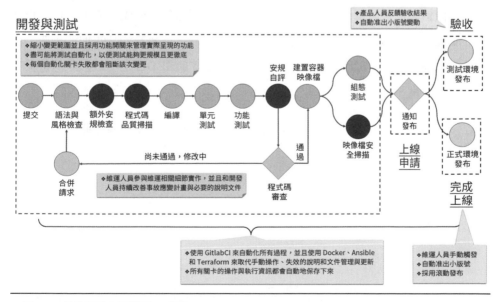

▲ 圖 4-3　物流服務上線變更 vs. 關卡

最終，團隊重新修改了變更上線流程的描述方式（如圖 4-4），提供了各關卡的原則，並且附上物流研發團隊的做法作為範例（如圖 4-3）。

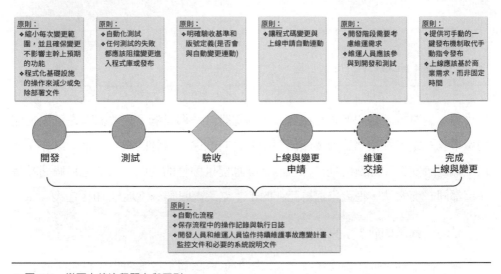

▲ 圖 4-4　變更上線流程關卡與原則

團隊後續又按照這個方式，討論了流程上的各個部分。最後形成了一份圍繞著交付流程各關卡的改善目標，並且提交給克莉絲汀。克莉絲汀叮囑他們需要考量組織的各個方面，才能讓這些改善目標落實，也才能讓 DevOps 被大家所接受，進而成為日常。

查德在報告完這些改善目標後，心裡也忍不住在想，這陣子烏煙瘴氣的公司氛圍或許正要開始發生一些改變。

改善碎碎念

DevOps 強調從價值流的角度來觀察一件事情，以便能夠用整體的角度來找到真正的問題癥結點，從而解決問題或降低瓶頸帶來的影響。如果只是頭痛醫頭、腳痛醫腳，除非運氣好剛好痛在關鍵處，不然往往只會造成更大的問題。組織中為了確保變更不會對正在運行的系統造成問題，往往有較複雜的管理措施。這對於僅聚焦於生產端的產品人員或研發人員來說，就像是腳鐐一般拖住往前的速度，但即便如此，還是需要看到整體樣貌之後，再來著手解決問題。因為只有了解整體樣貌，才能夠知道著手改變的部分會造成的影響範圍有多廣，也才能在找到解決方案的同時，正確地處理流程間的介面調整，降低解決方案導入的摩擦和副作用。

故事裡的改善團隊因為相當在意變更上線的問題，在盤點後馬上就聚焦到變更上線，這樣的反應或許無可厚非。雖然慶幸的是團隊並未止於變更上線流程的改善，最後也檢討了所有的部分，但從現實面來看，我們很可能還是只把改善限縮在一點上，而不是像這個改善團隊因為職責關係能好好檢討流程上的所有問題。這種時候，建議大家除了思考流程內的問題，也思考一下流程外的問題。以這個故事來說，我們可以試著思考以下幾個問題：

1. 如果變更上線流程的繁瑣影響交付，那為什麼這樣的流程能實際上持續地被接受且運作？

2. 變更上線流程的上游流程是否會減損變更上線流程的效率？

3. 變更上線流程的下游流程是否會減損變更上線流程的效率？

透過這樣的詢問，可以避免只是一頭熱地陷入非瓶頸點的改善，降低改善過程的挫折感和提高整體效益。

此外要再次強調，硬搬硬套的做法往往只會帶來一時的火花，尤其是單純的工具導入。無法充分將做法與改善目標融入組織或團隊，對於服務和做法的持續性來說，可能就只是勞民傷財的努力罷了。正確的做法是確保關鍵原則被正確地達成，而非每個人都得照一樣的方式做事情。照本宣科做事情的確很省事，但當情境有差異卻還要用相同方式處理時，各種問題就會由此而生。給第一線的人有明確界線的空間，並且培養正確決策的能力，才是提高組織敏捷性的方法。

4.2 聚焦的目標

大家再次聚集在會議室裡,看著所有整理出來的資料,心想:「到底要怎麼做才能把這些改善目標推廣到公司組織中?」

「我一直在想雖然這些改善目標很好,但公司裡其實還是有不少人不願意做出太多的改變。」因為之前線上購物服務和媒體服務的相關維運人員中,有不少人對於漢克配合物流服務引入這些新做法和工具頗有微詞,所以漢克最先提出了自己的想法。

「的確!並不是每個人都很想要做出改變。要不是希望別人先做出改變,對了才要做;要不就是滿足現況。」克萊爾彷彿想通了什麼,然後說道。

「這些狀況之前我也和克莉絲汀討論過。畢竟當初物流研發團隊是先從小範圍開始,才慢慢擴及其他部分,而且也僅限在物流服務而已。現在我們如果想要推廣這些改善目標,我們需要更妥善地思考每一個方面。」對於改善頗有心得的查德說道。

「我認同這個想法。全面地導入變革肯定要比在小團隊裡進行變革困難得多。不過我們應該還是可以運用之前我們在討論改善目標時所用到的治理概念。」克里斯接著回應。

「哦!要如何運用呢?」身為工具控的湯姆發出疑問。

「我們可以利用治理和流程改善的要素來做為討論的面向,再搭配不同的抽象程度來探討改善目標的影響狀況。」克里斯回答。

大家一臉懵懂地看著克里斯。克里斯意識到自己需要多做些說明，便走到白板前寫出一個大大的英文單字：POWERS，並開始解說每個字母所代表的面向。

1. **P** 代表 Process：達成目標相關的所有**流程**。

2. **O** 代表 Objective：導入的**目標**。

3. **W** 代表 Window：目標導入會影響到的影響**窗口**（範圍），包含人和時間等與範圍有關的要素。

4. **E** 代表 Evaluation：用來判斷目標是否達成的指標和**評估**方式。

5. **R** 代表 Relation：與目標相關的利害關係人之間的**關係**和溝通方式。

6. **S** 代表 Structure：受目標影響的人員**結構**。

📖**參考**

p.7-3, 7.1 節〈什麼是 POWERS ？〉

聽完克里斯的解釋，查德便開始舉一反三：「所以我們可以把這六個面向當作橫向欄位標題，然後把戰略性、戰術性和戰技性放在縱向欄位標題來代表三種不同抽象程度，接著每格放入空白格。」

「哇！當然可以呀！」克里斯回應。

「好啦！你們別再唱雙簧了～我們要怎樣開始？誰來帶一下！」克萊爾笑著說道。

克里斯開始示範，「我們現在第一步要做的，就是挑出一個目前最重要的改善目標。大家不約而同選擇了自動化上線這個目標，那就把這個選出來的目標寫到表格中目標與戰略性交錯的格子上（如表 4-1）。」

▼ 表 4-1　POWERS vs. 自動化上線（初始）

	Process （流程）	Objective （目標）	Window （範圍）	Evaluate （評估）	Relation （關係）	Structure （結構）
戰略性	←	自動化上線	→			
戰術性		↓	先完成縱軸，再左右擴展			
戰技性						

克里斯又繼續問：「如果自動化上線是戰略性上的目標，那麼它戰術性上的目標是什麼？它的戰技性上的目標是什麼？」

「擁有自動化測試、擁有自動化流水線和採用持續整合是戰術性上的目標。」湯姆搶先回答。

「GitLabCI、Terraform 和 Ansible 就是戰技性上的目標！」漢克隨即反應過來。

「對！戰技要能支持戰術的達成，而戰術需要能夠支撐戰略的達成。因此，以我們的目標來說，提供必要的培訓也應該包含在戰術性和戰技性的目標裡。不過，要注意的是戰技性上的工具已經相當涉及到各團隊的實現方式。因此，這些相當細節性的目標必須是相當必要，並且要考量到目前各團隊所熟悉的工具。」克里斯一臉滿意地說明。

「那目標這行都填完之後呢？接下來還要討論哪個面向？」克萊爾迫不及待地想趕緊完成整個表格。

「我們可以按照偏好、急迫性或是單純從左到右依序把所有空白處都填滿。」克里斯回答。

最終，團隊依照表格順序完成了表格的討論（如表 4-2）。

▼ 表 4-2　POWERS vs. 自動化上線（完整）

	Process （流程）	Objective （目標）	Window （影響窗口）	Evaluate （評估）	Relation （互動關係）	Structure （結構）
戰略性	◆變更管理	◆自動化上線	◆半年 ◆研發與維運中心最高主管為主要負責人	◆服務上線自動化程度 ◆自動化對商業目標達成效率促進程度	◆向主要負責人逐月面對面報告成果 ◆每季度舉辦公開展示邀請所有人參與，並且尋求反饋	研發與維運中心
戰術性	◆需求拆解方法 ◆分支管理 ◆測試管理 ◆部署管理	◆自動化測試 ◆自動化流水線 ◆持續整合 ◆理論與實踐培訓	◆服務研發團隊 ◆維運團隊 ◆以月為單位，漸次改善	◆流水線執行時間 ◆變更合併頻率 ◆臭蟲數量 ◆部署失敗次數	◆每1~2周舉辦技術分享會 ◆讓專案或產品相關人士直接參與每次迭代的交付和需求討論	服務、研發和測試團隊為平行的團隊
戰技性	◆工具整合方法 ◆組態管理 ◆環境管理 ◆日誌管理	◆GitlabCI ◆Terraform ◆Ansible ◆工具培訓	◆研發工程師 ◆維運工程師 ◆測試工程師 ◆每次變更發生均有對應實作	◆工具採用程度 ◆日誌覆蓋率	◆開發與、維運和測試人員直接面對面討論實作 ◆共用程式碼庫，並且透過程式碼庫公開實作和說明	跨功能組成交付團隊

「那團隊能夠再以擁有自動化測試作為目標，然後使用 POWERS 來討論實施的細節嗎？」湯姆一臉困惑地問道。

「當然可以！POWERS 只是用來引導推動者能夠以整體的角度來討論導入改變的思考工具。」克里斯回答。

「我覺得 POWERS 的確能夠協助我們了解導入一個新做法時應該要思考的面向，避免因為遺漏而造成導入的努力白費。不過我們還是要注意導入過程參與者的狀態，避免遇到意外的阻礙。我認為我們應該要有更完整且細緻的方法來探討關係這一行。」當大家還在探討表格內容時，克萊爾發表了看法。

「我覺得可以利用一張同心圓圖表來分類利害相關者，並且確認與他們溝通的方式和頻率，以便追蹤。」查德提議。

「喔！要怎麼畫呢？」克里斯問道。

查德走到白板面前，開始邊畫邊進行說明（如圖 4-5）。

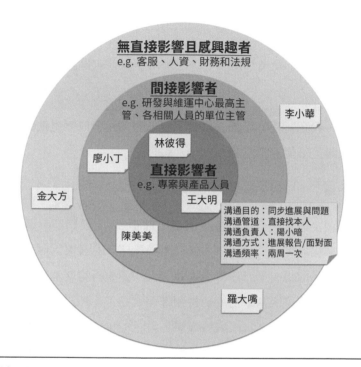

▲ 圖 4-5　利害關係 vs. 溝通協作方式

同心圓的各層分別代表在該層中利害關係人的特性——

1. **核心**：對目標的成功與否有直接的影響。
2. **中層**：對目標的成功與否有間接的影響。
3. **外層**：對於目標感到好奇，但目前尚未有任何影響。

「除了把這些利害關係人列出來後，我們還要標示出每個利害關係人可能產生的影響（無論好壞），接著我們應該為這些利害關係人建立溝通的方式和對應的窗口，以便了解新做法導入過程的狀態。」查德解釋道。

📖 **參考**

p.9-25, 9.4 節〈溝通管理〉

「不過我們要導入的新做法這麼多，難道現在就要來確認嗎？」湯姆一臉慌張地說道。

「倒也不用，我認為就照我們以前處理需求的方式，只要先確認出近期的幾個就好！」克萊爾笑著說。

湯姆聽完後鬆了一口氣，點頭表示認同。

不過此時，漢克眼前貌似閃過什麼回憶，然後說：「我們是不是也應該檢討一下目前公司的表揚制度呢？公司原本就有表揚創新且有成果的團隊和個人。當物流研發團隊一開始取得成果而獲得表揚時，大家還覺得蠻新鮮且感興趣，但到了後來，大家反而會覺得因為跟物流研發團隊差太遠了，所以紛紛選擇放棄或是開始選用一些又新又奇特的工具來取得成果。現在如果重點是全面導入，那麼這些表揚方式是不是也要把正要導入的人考慮進來，才能有更好的激勵效果？」

「不過如果我們改把重心放在導入，而忽略了已經在路上的人，那是不是也會讓 DevOps 的導入變得很粗淺，我認為持續努力的人也應該受到表揚。」湯姆接著說道。

「我相當認同兩邊的說法！還是其實我們多增設一個獎項就好了呀？」查德笑著說道。

「哈哈！多增設就好了呀，反正名額也是有限，更何況我們可以要求受表揚的人需要做些分享，一石二鳥！」克萊爾也笑笑地說道。

湯姆和漢克紛紛點頭表示這樣想法不錯。不過，剛去接電話走進來的克里斯，則是一臉茫然地看著眼前場景，「你們是不是把我給忘了！都講了什麼呀？」

「哈哈哈～想知道可得有些表示！」大家頓時大笑了起來，並且齊聲說道。

「好啦！別鬧了啦～是不是口渴了！我們休息一下，一起去買個飲料，順便告訴我發生什麼事。我請客！」克里斯一副很罩的樣子說道。

「遵命！」湯姆和漢克馬上拿好手機錢包，往門口走去。

休息片刻後，團隊繼續討論其他要引入的 DevOps 實務做法。這些討論持續了幾天，最後團隊也檢視了各個做法的重要性與急迫性，並且據此安排了順序。克莉絲汀對此感到滿意，同時也再次召開全公司的會議，向全公司的成員講述這些目標的重要性與公司的決心。克莉絲汀也要求布萊德重新包裝這些改變措施，以便和市場的受眾進行溝通和提升品牌形象。

改善碎碎念

當我們從導入的角度看待 DevOps 做法時，如果只從流程上來思考導入是遠遠不夠的。我們需要從各個方面去理解變革帶來的意思，才能有效減低變革過程裡的磨擦。

POWERS 是一種思考工具，用來幫助領導改變的人能夠更完整地思考改變的全貌。如故事所提，我們可以利用抽象程度的差異來分別討論六個面向，當然也能用其他因素來作為縱向的欄位，在後面的章節中，我們會更仔細地討論這個工具。

當了解影響範圍並且為各個關鍵點找到對應做法後，另兩件重要的事情便是溝通管理和期望管理。我們在導入新做法時，自然是秉持好意想解決問題，然而每個人對於事情的立場不同。若不能有效地與這些利害關係人合作，那麼即便獲得短暫成功，也會無法持久。這是每個有志於領導改變的人都必須耐住性子去學會和實踐的重點。

4.3 新的氛圍

克莉絲汀在上次聽取團隊的報告後認為 DevOps 會提升團隊的協作並且增加面對面討論的機會，所以為了讓導入順利達成，她減少辦公室內的固定座位，並且增加許多團隊空間，以便讓團隊能夠入駐到團隊空間內。

本來就佔著公用討論區的物流研發團隊一聽到這個消息，便喜出望外地選了一間會議室，接著開始搬了進去。團隊再也不用擔心太吵，而且也能更好地把一些團隊看板保留在牆壁上。

大家看到物流研發團隊積極搬入後，也開始跟著搬了進去。不過讓人出乎意料的是，馬上接著物流研發團隊之後就搬進會議室的團隊，居然是之前一直堅持原做法不願意採用 DevOps 的線上購物研發團隊。

「這次大重整後，費歐娜感覺變得開明許多！」線上購物研發團隊的萊斯正和約翰站在會議室外聊天。

「是啊！可能想開了吧～之前也不確定她的堅持是什麼，明明我們的系統不像媒體服務那邊的系統如此單體難以拆解和改善。物流研發團隊能做得到的事，我們也行啊！」約翰回應。

「其實有一次我看到她獨自坐在電腦前查看關於 DevOps 的相關資料，可能好勝心比較強吧！」萊斯一臉語重心長地說。

「現在公司改變制度讓技術職有自己的職涯發展階梯，不用再非得搶當管理職後，費歐娜也轉回工程軌道發展。她現在看起來開心許多，而且也變得比較開明。」約翰感同身受地說道。

「我們的工程女神總算回歸了啊！看來這次 DevOps 導入新星非我們團隊莫屬了！」萊斯看著約翰笑著說道，兩個人手裡拿著各自的咖啡一派輕鬆地走回會議室裡。

職涯發展的改善提案和增設「DevOps 導入新星」也是改善團隊分析當時 DevOps 磨擦成因時，向克莉絲汀提出來的想法。

此外，為了提升團隊之間的交流，查德把原先物流研發團隊在用的公共討論區重新整理擴大後，便固定在每週五下午舉辦團隊之間的交流分享活動。

公司裡的沉悶和混亂氛圍漸漸在這些熱烈討論與交流下發生改變。走廊和茶水間的聊天雖然偶爾還是會出現一些抱怨與不習慣的聲音，但對比之前已經減少了很多。

只不過各個團隊還是對於採用新的實務做法或工具所帶來的不確定性感到有些困擾。

．．．．．．．．．

查德正在媒體研發團隊的會議室裡提供協助時，突然被問到：「我們總不能還完全不熟練就把新做法放到日常流程中吧？畢竟真的又發生事故了，該怎麼辦？」

「如果按照現在的開發方法，這些試驗應該都在測試環境之類的吧！應該是不會影響才對呀？」查德回答。

「面對新做法難免會怕呀！我們這邊一向管得嚴，你又不是不知道。」其中一位成員說道。

「現在的做法就是你們舉辦公司內的培訓，接著就會暫時加入團隊或定時到團隊這邊提供協助，然而大部分的時候都是以定時提供協助的方式進行。只不過許

多團隊上完培訓後，其實對於新做法還是很陌生！我們是不是能夠除了培訓以外，再加上一個強化配套措施，目的是讓團隊某些成員更加熟稔新做法後，再回到團隊內當作種子呢？這樣其實也能減輕你們需要提供協助的負擔吧？」另一位成員接著說。

「我認為你們的提議蠻好的，我來找個時間和團隊內的成員討論看看。」查德回應。

離開後，查德在回到團隊會議室的路上思考剛才的對話。雖然各個團隊成員現在變得比較樂於採用新做法，但執行過程還是會很害怕，因此使得導入過程沒有很順利，如果能有個做法提升團隊的安全感，或許對於新做法導入會有幫忙。

查德剛坐下便和旁邊的克里斯提到剛才發生的事。克里斯對這些討論表示認同，「我們是需要一個強化新做法的方式，來讓各個團隊能夠更自主地熟悉這些事情。」

「嘿！我最近其實也在想一樣的事情。」坐在對面的克萊爾正眼睛雪亮地看著他們。

「不好意思！剛才是不是聲音太大聲吵到你了。」查德沒有回應克萊爾剛才所說的內容，而是先注意到是不是干擾到別人，畢竟在同一個會議室裡說話，難免會干擾到人。

「是不會啦！畢竟大家真的有私事也會到外面說，會議室裡的討論都還是正經事，而且我平常也沒注意你們在講什麼，我都當作是白噪音。只是你們現在討論的主題剛好也是我這陣子在思考的事情，所以就突然注意到了。我有時覺得這樣也是挺好的，不會錯過團隊每個關鍵時刻。好啦，先回到剛剛你和克里斯討論的事吧！」克萊爾笑著回答。

「除了配套和營運相關措施的事務以外，按照我們現在新做法導入到各團隊的方式會在評估和相關規則與協助工具確認後，就把細節和影片說明放到組織的知

識管理系統內,接著便公告相關技能的培訓安排,並且和所有受到影響的團隊討論駐點協助的安排。」克里斯一邊說著,一邊將現在的流程畫出來(如圖 4-6)。

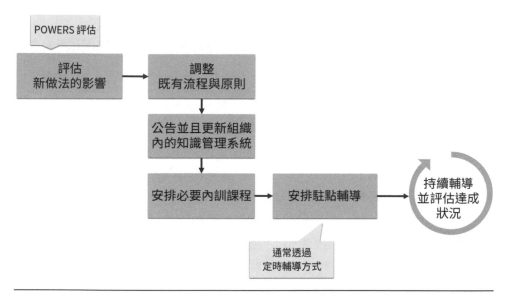

▲ 圖 4-6　目前新實務做法導入方式

「現在的問題是團隊有來聽完培訓,也有在現場進行操作和體驗。只不過回到團隊後,很多人還是會用原來的做法。當我們去現場協助時,就會發現團隊其實有試過新做法,但因為不太熟練,所以不太敢用。即便我們去現場協助,因為時間比較零散,能提供的協助還是不夠。」查德補充。

「這種現象在技術工具方面會更明顯,畢竟沒人想搞砸正式環境。」坐在一旁的漢克也走了過來。

「不管是技術上或者是工具上來看,會不會大家需要的是一個短期的集中營,還有新點子的實驗空間?」坐著的湯姆看著大家熱烈討論,也忍不住提供了想法。

「!!」大家不約而同地望向湯姆。

「感覺是個好提議。不如我們就朝這個方向來提案，你們覺得如何？」查德附和。

「好啊！」大家齊聲說道。

接下來的幾天，大家翻查了一些相關做法，然後考量了影響的範圍和所需資源後，便向克莉絲汀提出了建議。

改善碎碎念

組織在導入新做法（如 DevOps）時，一定要重新思考激勵措施，既要讓已經跑在前頭的團隊有繼續往前的動力，也不能忘記正在出發的團隊，以避免獎勵變成改變的阻力。不過值得思考的是獎勵的強度與獎勵的時間長度，外來的激勵的確能提供短期效果，但不能作為長期做法。這會使得獎勵失去效用，也降低組織成員自發性改善的行為。

由於 DevOps 往往涉及多樣的技術或工具，而這往往會造成組織導入 DevOps 時的一個重要的挑戰。組織需要為此提供充足的培訓來幫忙同仁具備擁抱新做法的能力。不過，光是提供培訓對於實踐者來說還是不夠的，畢竟「懂」和「會用」往往有些差異。課堂和高密度的工作坊能夠讓同仁了解知識，但運用知識則需要更長時間的反覆操作和指引才能學會。因此，組織在提供培訓的同時，也應該思考如何提供同仁反覆操作學習的機會，否則當同仁因為無法善用而可能產生風險時，也會降低他提升能力的意願。

此外，遠距協作雖然已經不是陌生的選項，然而聚在同一個實體空間更能有助於團隊具備狀況感知的能力（就像在故事中，查德和克里斯的聊天吸引了同樣對此感興趣的克萊爾，甚至是最後所有人加入討論的情況）。這樣的能力是遠距協作不易提供的。若遠距協作是必要的選項，那麼請務必思考如何透過更多數位工具來幫助團隊知道即時的資訊並且參與討論。

4.4 我們的道場

改善團隊把這個提案命名為「道場」，他們期望能像練習武術的道場一樣，提供一個讓人學習並且變成大師的空間。

道場的主要目標是為了緩解公司成員因為新做法的陌生而產生不安的狀況、提供試驗新想法的空間並且培育新做法的種子成員。計畫上會把原先導入的流程再多加上一關（如圖 4-7）。

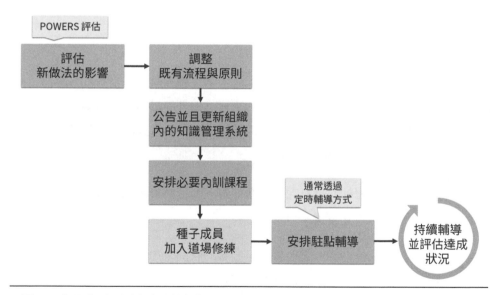

▲ 圖 4-7　加入道場概念的新實務做法導入方式

道場會要求各團隊派出 2 位成員來參加一個小型專案的演練，每次演練週期長度會在 2 週到 4 週左右，並且以 1 週一個迭代作為持續改善的週期。演練的主題除了包括創新與改善團隊針對新做法所設計的演練主題外，也鼓勵各團隊能直接將手上適合的主題或工作拿來作為演練的主題。創新與改善團隊以成員的身份加入這個演練專案中，藉以協助整個演練團隊熟悉新做法（如圖 4-8）。

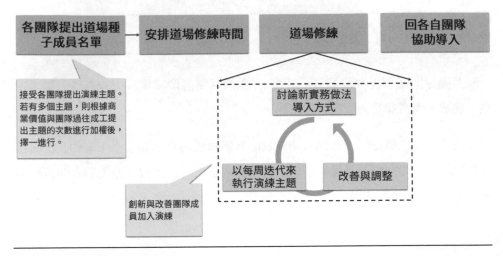

▲ 圖 4-8　道場執行方式

　　由於新做法可能會涉及流程、技術和工具，改善團隊為了讓道場能夠實現，特別召開了一個會議。除了邀請研發團隊的主管鮑伯外，也邀請了人資單位、品質與安全單位和維運單位的主管。會議一開始，查德便向大家說明道場的目標與預期的做法後，便開始了彼此的討論。

　　「關於運算資源有怎樣的打算呢？是要準備一套道場專用還是使用各個專案的冗餘資源？」布萊克首先發問。

　　「初期先用一些冗餘資源，之後再看看發展的狀況來準備專用的運算資源。畢竟道場主要是用來演練，相關資源其實並不好計算。目前有在考慮雲端資源，我們可以透過腳本來管理雲端資源，而且演練結束也比較好一次清除。關於雲端資源的部分，可要請你多多幫忙囉！」查德回答。

　　「當然沒有問題！那麼到時候道場規劃開始時，至少要給我們一週做準備，所以要提早告訴我，我再來看看如何安排資源。」布萊克說道。

「道場使用的資源屆時要如何盤點管理呢？如果要繼續做資源調整的話，相關的變更管理措施是不是也需要調整？」尚恩聽到運算資源的議題後，馬上提出問題。

「你說的有道理！不過道場會使用到的資源多半與開發環境和測試環境差不多，而且它也不是用於實際的業務，所以在相關稽核管理上會輕鬆一些，當然安全規則都會符合開發環境的要求。實際上，我們現在的做法都是用自動化的方式在進行基礎設施的建置，所以相關變更都像軟體交付一樣會有記錄，而且也有自動監控系統會記錄運算資源的狀況。」查德回應。

「嗯！那我沒有什麼問題了，畢竟你們團隊裡還有克里斯，這挺讓人放心的。不過你們之後會使用到雲端資源，目前公司在這部分的相關管理方式比較不成熟，到時候我們可得找布萊克好好確認一下。」尚恩滿意地回答。

「瑪麗！道場有些人才培訓的性質，所以有關調訓時數和人員安排的部分可要靠你幫忙了！」還沒等人資單位的瑪麗提出疑問，查德先提出了請求。

「沒有問題，這點小事我當然能夠提供協助。」瑪麗笑笑回答。

「謝謝大家的幫忙，道場才能正式實施。道場的機制還需要大家的建議，若有任何想法，請讓我馬上知道。」查德在會議的最後說道。

最後，道場在改善團隊緊鑼密鼓的籌備下，順利在一間大型的團體會議室成立了。道場除了平時讓各團隊成員能夠熟悉新做法以外，也成了另一種團隊之間交流的方式。畢竟每次都要和不同團隊的成員組成臨時團隊來完成道場的演練，這讓團隊與團隊之間的熟識度因此提升，整個研發團隊的凝聚力也逐漸提升。

改善碎碎念

道場其實不算是新奇的概念,但它是一個好的做法。道場能降低團隊的不安全感,並且有效率地培養團隊內新做法的種子,降低不安感,提升導入的意願。千萬別忽視不安全感對於導入的傷害力。提供一個相對安全的環境來提升團隊的熟練度,絕對是一個不錯的想法。不過千萬別忘了,即便是導入道場也要運用 POWERS 去思考不同的利害關係人和面向,以便獲得成功的支援。

4.5 一切都不同

漢克剛從媒體服務研發團隊那裡回來,就在走廊上遇到維運單位的史丹。

「嗨～漢克!最近在改善團隊那邊還好嗎?」史丹從遠處就熱情地打了招呼。

「還行!就是各種新東西要評估,現在才知道不是工具新跟技術好就能夠馬上用、馬上起飛。保持開放心態,積極評估找尋使用最好工具和技術的機會,才是工程師該有的態度。」漢克一副剛從山上修行回來的樣子。

「漢克大師!」史丹開玩笑地說。

「別挖苦我了,你們呢?」漢克問道。

「你離開後,組織也重整了!維運團隊一樣得四處忙。畢竟不像研發團隊那樣可以有穩定的衝刺週期,我們更多時候需要處理突發的事件,不過我們還是有試著使用迭代方式來規劃一些新專案啦!比方說我們最近正想著要整理所有研發團隊的工具和技術來設計一個平台,這樣也能為大家省下一些重複性的工作,到時候還要找你們一起討論呢!」史丹回應。

「這個平台的想法聽起來不錯耶!改善和創新就是從這些經驗出發的,大家有想法就趕緊提出來吧!我們會幫忙讓這些好東西落地到公司的每個地方。看你們什麼時候有空,來約個會議討論吧!」漢克開心地提出邀約。

「約起來!約起來!」史丹也跟著附和。

「不過,現在你們和研發團隊之間的合作還行嗎?」漢克隨口問道。因為在漢克調到改善和創新辦公室後,史丹就接替了他的工作,現在主要負責物流研發團隊的上線和維運。

「不錯呀！現在和以前不一樣了，研發和維運之間的交流變得比較頻繁，而且一些上線和監控的需求也能早早開始，不用像以前那樣到最後都在吵架。這次的平台想法也是上次和研發團隊討論時，大家一起想到的。」史丹回答。

「那就好。」漢克安心地回答。

兩個人有說有笑地走到走廊盡頭後，便向著各自的會議室走去。

隨著大家逐漸熟悉 DevOps，各個研發團隊的交付能力也得到提升。上線前的混亂與上線事故就像是上個世紀的事情一樣，大家似乎忘了會有這樣的事情發生！雖然有著較多技術債務的媒體服務還是讓大家在拆解需求時傷透腦筋，而且上線時間也比較長，但媒體研發團隊正在透過測試和重構逐步解耦系統，或許明年媒體服務也能煥然一新了吧！

· · · · · · · · · ·

某一天的早上，查德、克萊爾和物流服務研發團隊們收到克莉絲汀的會議邀請。克莉絲汀一如往常地提早坐在會議室裡埋首於工作，同時等待大家的到來。查德、克萊爾和研發團隊們因為在來的路上碰到，便一路嘻嘻哈哈地走進會議室。大家看到克莉絲汀正坐好等著，便趕緊入座望向克莉絲汀。

「大家別這麼緊張。今天找大家來是為了談談新業務發展的事情。」克莉絲汀看著大家專注的眼神，笑著說道。

「喔！物流業務有新發展了？」克萊爾很來勁的問道。

「對呀！現在物流服務研發團隊的交付能力算得上是公司最一流的，我認為可以進一步把物流服務商品化。」克莉絲汀回應。

「我們如果要商品化的話，除了目前的服務外，還要開發一些新功能吧？不過到底要哪些新功能，這方面我們的經驗並不是太多，那該如何進行呢？」查德狐疑地問道。

「你這個問題很好！我已經請公司的市場和銷售團隊去準備相關的調查了，到時就會有一些資料可以參考。不過即便如此，我們仍然無法明確知道到底做什麼有用？」克莉絲汀回答。

「對呀～」會議室的成員小聲說道。

「但調整產出適應改變不正是物流團隊的武器嗎？」克莉絲汀見狀，馬上繼續說明。

頓時，會議室裡一陣安靜。大家聚精會神地看著克莉絲汀，眼神中又帶了一些困惑。

「你們之前能夠配合公司內各物流功能的需求，打造出現在的物流服務。我也希望你們能繼續秉持這樣的做法，來配合與適應市場的訊息，推出讓人耳目一新的服務。」克莉絲汀堅定地說道。

「我們的專案管理方式還是以年為單位來仔細規劃預算和資源，所以之前的做法還是大都落在既定的需求範圍上。物流研發團隊是透過應變突發需求和即早獲得反饋來調整順序，來讓整體交付變得更有效率且滿意度更高。不過以物流新業務的情況來說，我們可能並不容易像以前一樣先把所有事情算得清清楚楚，然後執行。」克萊爾回應。

「的確如你所說！所以我希望調整預算的規劃方式，也就是能夠先按照市場和銷售團隊帶回來的資訊先規劃發展方向和必要的需求，然後在預算和資源方面，只依照這些範圍規劃必要和已知的花費，其餘的部分則由團隊推出服務後的狀況來提出內部的投資申請。」克莉絲汀說道。

「這的確是一個好方式，我們可以先以目前的物流服務當基礎，趕緊依照市場資訊做一個版本出來試試看。」查德跟著說道。

「對！就是這個感覺。」克莉絲汀笑著說。

查德一陣面紅耳赤，突然害羞起來。大家見狀也跟著笑了起來。

「查德、克萊爾！我希望你們兩位能夠參與這個新業務的推展。」克莉絲汀又接著說。

「喔？你是說回到物流研發團隊嗎？」克萊爾一臉疑問。

「倒也不是！你們可以繼續在改善與創新辦公室，不過把重心放在與物流研發團隊的跨團隊合作。我希望你們能把這些經驗或新做法擴散出去給其他團隊。當然如果你們對改版的物流服務有想要試的做法，也能透過道場形式來進行。」克莉絲汀回答。

「好呀～我也想試試看多團隊如何在同一業務內進行合作。」查德回應。

「那麼就這麼說定囉！下週我會召集大家進行說明，再請你們和市場與銷售團隊討論一下做法和提案。」克莉絲汀心滿意足地結束會議。

散會後，克莉絲汀因為要趕往下一場會議便早早離開，其他人則還坐在會議室裡若有所思，畢竟有點不真實。

「不知道之後的工作要怎樣分工？畢竟既有系統也還在，不是嗎？」剛才忍了半天的某位物流研發團隊成員問道。

「這部分我們可以先釐清一下哪些需求是重要的，哪些不是，而且物流服務目前需求其實在變少。太過客製的部分，我認為可以節奏放慢，總之我們可以先盤點一下目前的需求。至於誰做什麼，團隊成員如何分組合作，這我就沒概念了！或許……」克萊爾開始張著水汪汪的雙眼望向查德。

「對啊！當初需求的改善不就是查德起頭的嗎！該拿出你的壓箱寶了！」團隊成員意會過來後，也跟著起哄。

「你們今天是很愛看我害羞，是嗎？」查德的臉又紅了起來。

「其實以我們現在的狀況，我覺得可以讓團隊更加自主一些！這樣其實比較能讓團隊內具備不同技能的成員充分運用自己的能力。」查德沒好氣地回答。

「我們可以這樣來分工⋯⋯等等！會議室接下來沒人用吧？」查德邊說又開始拿起白板筆。

「別擔心！我早就料到了。我已經訂好接下來的兩小時了，請繼續你的表演！」克萊爾喜孜孜地說著，大家也跟著笑成一團。

「總之，整個物流研發團隊還是只有一份待辦清單，由於我們的團隊目前為14人，如果再加上1位主要配合的維運同仁和我們2個人，就會是17人。不過克萊爾是專案經理，所以用1組8人來分的話，剛好2組。」查德假裝正經地馬上說道，並且一臉玩笑地看著克萊爾。

「喂喂喂！我可是很努力的。」克萊爾苦笑著。

「沒啦～就是開個玩笑嘛！沒有你我們還玩的下去嗎！」查德回應。

查德接著說道：「我們還是每2週一個迭代，每次迭代就選出兩組重要的需求，然後由這兩組團隊來認領，當然迭代中間我們還是會做一下細部規劃，然後再調整待辦上的需求順序，就像以前一樣（如圖4-9）。」

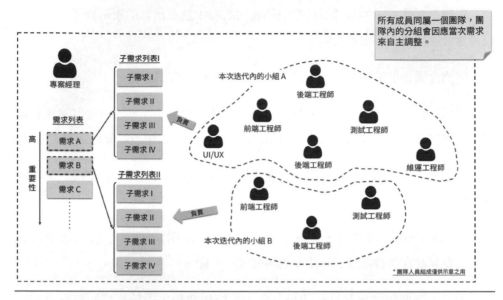

▲ 圖 4-9 敏捷於較大團隊內的規模化

「那各組的團隊成員要保持固定嗎？能不能換呀？」某位物流研發的成員問道。

「我認為不要固定比較好，不要固定的做法可以解決當最重要的兩組需求在技能上有偏重時的問題。因為兩組團隊可以透過換組合來應變。至於是否要有更明確的換法，或許等我們執行幾次後，再透過回顧的方式來找尋適合我們的調整方式吧！」查德回應道。

大家又哄哄鬧鬧一會兒後，對於這樣的做法也是頗能接受，便散會回到各自團隊辦公室，準備接下來的新開發了。

最後物流服務產品在那場會議後的 3 個月內推出了嚐鮮版，並且又陸陸續續調整 8 個月後，產品便正式上線，而且媒體研發團隊在看到物流的發展後也沒閒著，馬上開始逐步探索虛擬實境在媒體呈現上的應用，期望為自己的用戶帶來更

好的媒體體驗。在布萊德的運作下，暴風這次不再是被暴風侵襲，而是在市場上
掀起一陣暴風的軟體公司。

改善碎碎念

當團隊有能力調適需求的變化，又能穩定且快速地交付需求時，研發團隊和
商業團隊之間的互動和合作的隔閡將會比以往更少，這會促進兩個團隊的融
合，進而使得研發團隊不再只是需求的實現者，而是促進商業發展的幫手。
不過想要進一步解放這些能力所帶來的好處，組織需要重新思考專案的治理
方式，從專案思維逐漸轉變為產品思維。當然這樣的轉變並不容易，但可以
透過投資的概念來促進團隊找尋務實創新的機會，並且逐步讓團隊了解商業
價值與技術研發之間的關係。

DevOps 導入與規模化的挑戰

✍ 前言

　　在思考導入 DevOps 時，除了知道它能為我們帶來哪些好處之外，更重要的是了解它會我們帶來哪些挑戰和影響。這對於推動者或是贊助者來說都是相當重要的議題。

　　本章的第一節會以 DevOps 是什麼作為開頭，這個問題是筆者一開始接觸 DevOps 時心中的疑問，也是最常被詢問的問題，當然還包括它和敏捷之間的關係。首節將為此問題作出解釋。

　　在第二節、第三節的內容中，會進一步探討導入 DevOps 會遭遇的挑戰，以及規模化會遭遇的問題這兩個主題。導入的本質就是一種變革，當變革挾帶新穎技術時，我們有時會過於專注於技術帶來的影響，而忽略變革的本質在於對人和日常營運流程的改變，我們的確不該忽略技術的重要性，但只有真正能融入日常營運流程且被人所接受的做法，才能真正發揮功效。筆者將根據研究發現、訪談經驗和自身經歷來為此兩節做出解釋。最後，以 DevOps 成功要素作為總結，讓讀者了解 DevOps 核心的要素，並且在規劃導入初始便能掌握全局。

5.1 DevOps 是什麼？

「DevOps 是什麼？」

「一定要使用 DevOps 嗎？」

「DevOps 有什麼幫助？」

上述的問題對於正在團隊或組織內推動 DevOps 的人來說肯定不陌生。有時質疑的聲音恐怕還比上述的問題更刺耳，甚至會讓自己認為「DevOps 與否對他們來說並不重要！」，進而感到沮喪或憤怒。

實際上，對於高階領導者或是非工程領域的人來說，其實 DevOps 具體是什麼並不好理解，所以他們會傾向專注於自己所在意的產出，而非一個陌生名詞背後所代表的意義或是 DevOps 與他們在意的產出之間的關聯性。這既非否定，也非肯定！只不過是一次沒什麼效率的討論罷了。當然可能只是因為不能接受新做法而有這樣的質疑聲音，這就需要透過提供配套的支持措施來減緩這些問題。不過，這邊就讓我們先聚焦在對 DevOps 的認知。

說到底 DevOps 是什麼？DevOps 與 Agile 之間的差異又是什麼？這對於一個推動者來說本來就是一個必須要有深刻理解與解答的問題。因為如果連推動者對於 DevOps 所帶來的影響沒有全面的了解，又該如何回答具有不同觀點的高階領導人或非工程領域的同仁的問題呢？

首先，先讓我們來思考「什麼是 DevOps？」

從字面上來看，DevOps 代表 Development（開發）和 Operation（維運）兩個字的結合，而 DevOps 的價值的確也促進了兩端的協作來達成端到端的交付，但

其實 DevOps 截至目前為止都沒有穩定的定義，頂多只能說有比較受到偏好的定義，比方說：

1. DevOps 是一套實務做法，而這些實務做法能夠縮短從系統變更的提交到變更上線至正式環境的時間，並且同時保證變更的高品質。[1]

2. DevOps 是一種思維，而這種思維鼓勵團隊之間跨職能的協作，尤其是軟體開發組織裡的開發團隊和 IT 維運團隊，以便提供具韌性的系統，並且加速變更的交付。[2]

3. DevOps 是由開發和維運的實務做法結合而成的軟體開發流程，而該流程可以有效率地提升軟體交付流程的速度。[3]

4. DevOps 是組織內一種多領域協作的成果，該成果的目標是為了能夠自動化新軟體版本的持續交付，並且同時保證它們的正確性與可靠性。[4]

5. DevOps 是一種開發方法論。該方法論目標在於彌合開發（Dev）和維運（Ops）之間的隔閡，並且強調溝通與協作、持續整合、品質保證和透過一套開發實務做法達成自動部署的交付。[5]

上述的定義只是眾多定義的其中一部分。我們可以輕易地從論文、顧問公司、雲端服務公司（例如 AWS）或 DevOps 相關工具商（例如 GitLab）找到其他的定義與說法。不過，從這些定義裡可以找到許多相似的概念，比方說開發端與維運端的協作、自動化、快速交付、端到端的交付和品質等。

為了能夠更好了解 DevOps 的全貌，除了從這些資料來源來理解以外，也可以從 DevOps 一詞的發源來觀察。從 2008 年 Patrick Debois 在維運端的努力和觀察 [6] 到 Flicker 在 O'Reilly Velocity 2009 的分享 [7]，再到 DevOps 一詞的誕生。可以看出「把敏捷帶入維運側的努力」、「自動化工具的成熟」和「透過價值流發現，唯有暢通開發端和維運端才有可能做到即時的交付」。

雖然 DevOps 因為自動化和目炫神迷的工具搏了不少人的眼球，但綜合上述的觀察，我們的確可以把 DevOps 限縮在開發和維運的協作來達成高效穩定的自動化持續交付，而實際上，光是如此便已經為軟體交付帶來相當大的助益。不過，仔細思考 DevOps 背後的精實（Lean）本質和早期開發端敏捷的努力，DevOps 更代表著一套用來打造軟體即時生產系統（JIT），以便更好地響應變化並且交付變化的框架。

此處採用框架而非方法論，在於框架能夠提供更多空間給予使用的人進行調適 [8]，甚至是帶入其他的實務做法，來更好地貼近自己情境和問題。提到 DevOps，或許很容易就能聯想到價值流、自動化、測試和監控，甚至是各式各樣的工具，但當這些主題落地到各個組織時，會因為商業領域的不同、組織規模的不同或專案資源的不同，而使得實現和組成 DevOps 的方式各有特色，更不用說如果還要討論文化的話，這個議題就更加複雜了，所以採用框架而非方法論不僅鬆綁 DevOps 的結構來為實踐者提供空間之外，也能讓 DevOps 得以沿著價值流和端到端的概念，擴張它的範圍並且增加它能為組織帶來的價值。

因此當談到 DevOps 是什麼時，筆者更樂意以圖 5-1 來作為描述 DevOps 的基礎範疇。

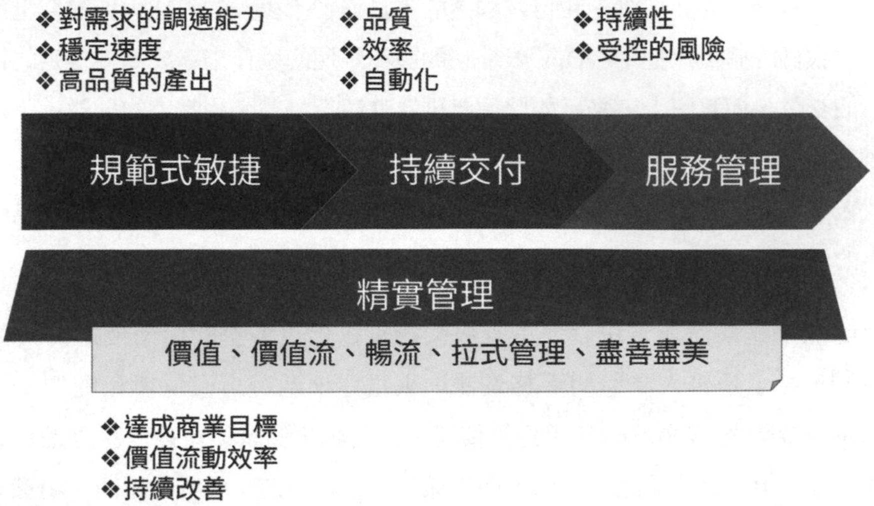

▲ 圖 5-1　DevOps 概覽 [9]

　　基於圖 5-1，DevOps 得以覆蓋從需求到產出的所有範圍，而真正地提供端到端的價值。因此，DevOps 是一套包含了多種方法論、最佳實務做法和工具的框架，它可以協助企業打造一個流暢且能夠即時交付的商業流程，以便最大化商業價值並且最小化營運成本。

　　現在我們已經準備好來討論 Agile 和 DevOps 之間的關係，這也是筆者經常會被詢問的問題。

　　其實從前文的內容不難察覺到 DevOps 和 Agile 之間有著千絲萬縷的關係。不管是維運端的敏捷導入還是開發端的持續整合，都和早在 DevOps 出現前的敏捷實務做法有關。因此，當討論兩者之間的差異時，不得不先思考此處的 Agile 指的是敏捷最佳實務做法（Agile）或指的是敏捷性（agility）。

如果討論的是敏捷性,那麼 DevOps 無庸置疑地符合敏捷性的需要,而且也能提升組織的敏捷性。若是討論敏捷最佳實務做法時,那麼就得看採用什麼角度思考 DevOps 了。如果是以圖 5-1 的角度來看,那麼 DevOps 包含了常見的敏捷框架及其所屬的實務做法,比方說 Scrum 和極限開發,所以 DevOps 可以被視為一個覆蓋面更廣的敏捷框架。

不過整體來說,由於 DevOps 的發展背景的影響,使得它在某些特性上顯著不同於其他敏捷框架:

1. 強調交付,因此不再只關注開發端的速度,也在意維運端的穩定。

2. 強調持續性,因此更加關注軟體系統的韌性與安全性等。

3. 強調協作性,尤其是維運側的合作。

4. 強調共有責任。

這也正是為什麼 DevOps 能夠更強而有力地在軟體開發上協助組織或團隊具備更快且更穩定的交付能力,而這種端到端交付能力(速度與品質)的提升最終將影響服務提供給使用者的方式,進而協助企業發現其他的商業機會,獲得更大的成功。

5.2　DevOps 導入的挑戰

任何的變革都會為人和組織帶來不習慣與衝突，DevOps 導入所帶來的變革也不例外。

DevOps 會循著價值流，透過工具和改變做法來去除流程上的浪費，並且促使參與其中的人抱持著卓越的心態持續地追求改善。不管導入的範圍在團隊內或是在全組織，這些深刻的變化都會相當全面，因此它所帶來的不習慣與衝突也會是明顯的，尤其是在導入初期。

因此，身為一個 DevOps 推動者，應該充分掌握將面臨的挑戰，而 DevOps 初學者也應當對挑戰有些理解，以便緩和追求時的挫敗感。

❖ 反饋和臭蟲優先序的意識的缺乏　　　　❖ 開發和維運彼此的思維不同
❖ 僵固的產業限制　　　　　　　　　　　❖ 組態管理
❖ 缺乏領導者的策略性建議　　　　　　　❖ 可追溯性的缺損

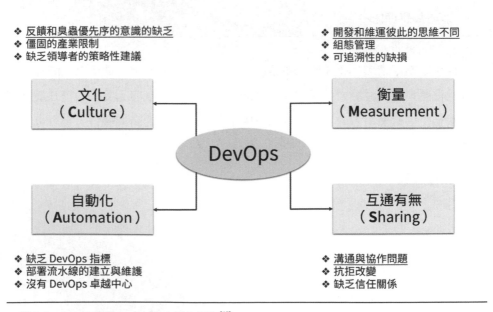

❖ 缺乏 DevOps 指標　　　　　　　　　　❖ 溝通與協作問題
❖ 部署流水線的建立與維護　　　　　　　❖ 抗拒改變
❖ 沒有 DevOps 卓越中心　　　　　　　　❖ 缺乏信任關係

▲ 圖 5-2　CAMS 模型 vs. DevOps 導入挑戰 [10]

圖 5-2 是根據 Damon Edwards 和 John Willis 所提出的 CAMS 模型來分類 DevOps 導入的挑戰,並且藉此點出挑戰與 DevOps 核心價值之間的關係。

CAMS 模型分別代表 Culture(文化)、Automation(自動化)、Measurement (衡量)和 Sharing(互通有無)來作為 DevOps 的四項主要核心價值,也是許多實踐者在落實 DevOps 時作為決策和工程方法的選擇與調整的依據。後來 Jez Humble 又把 Lean(精實)加入到此四項核心價值中,而形成目前最為人所樂道的 CALMS。此處的分類是基於圖 5-2 的論文而來,因此採用 CAMS 模型來作為分類說明的依據。

以下便來分述這四類核心價值下的挑戰。

▌ 文化

文化一詞聽起來很抽象,但它所代表的便是一群人或團體彼此之間的互動關係和行為。組織文化深受既有政策、團體結構和流程所影響,因為這三要素直接影響組織人員彼此間的行為和互動。因此,DevOps 導入時,來自管理層的支持和建議對導入扮演著重要的角色。比較可惜的是 DevOps 的導入多半停留在工具與技術層面,並且忽略或淡化了工具和技術進入日常營運流程對人員互動方式帶來的影響,所以管理層未能及時為這些影響提供必要的建議與調整,進而使得導入發生停頓與衝突。此外,不同的產業背景有著不一樣的背景限制與條件。舉例來說,金融產業或電信產業有法規上的直接要求,所以對資訊系統的管理較為嚴格,也會有對應的政策和組織結構來達成管理上的需要。這類管理對於保護最終使用者來說是相當重要也有其必要。問題出在於當規則形成並且形成慣性後,我們漸漸忘記這些規則背後要達成的目的與理由。當加上日漸繁雜的流程,便開始畏懼更動規則時所產生的漣漪。最終日積月累的**不要改變的思維**形成了慣性,阻礙了 DevOps 導入,甚至是日常改善的行為。

筆者有一次進行訪談時，便遇到訪談者抱怨他們的變更上線前，總是需要進行百項以上的安全檢查並且完成表格確認，然而表格上的安全檢查項目卻有許多和他們系統沒什麼關係的檢查，單純只因為這是一張檢查總表。許多團隊對此怨聲載道，但也鮮少對該表格作出改變。因此，他們便傾向減少上線頻率。僅在有較重大變更或累積較多變更時才進行上線，藉此減少安全檢查的次數，降低不必要的填表與解釋行為。筆者建議他們將安全檢查項目按必要性和需求進行區分，並且建立調整規則讓各系統得以調適檢查項目，比方說可以依照修改範圍或版號來進行檢查數量的調整等。後來，他們遵循建議進行了改變，進而提高了變更頻率，這讓他們能更即時地釋出需要的變更。

▌ 自動化

自動化可以說是談到 DevOps 時，絕對不會被忘掉的題目。透過自動化可讓原先費力、瑣碎和易錯的事情得到解決。運用基礎設施即程式碼（Infrastrcture as Code），我們不再需要依賴不知道是否周全的文件和點點按按的方式來配置運算環境；運用自動化流水線可以讓原先編譯、測試、建置和部署的任務一口氣完成，再搭配上持續整合的實務做法，自動化流水線彷彿就像是條生產線一般，可以把工程師的實作自動地上架到使用者手上，這就是自動化的魅力。DevOps 也因為自動化而把開發端和維運端更好地聯繫在一起。畢竟自動化流水線沒有雙方的努力是難以實現的。

雖說自動化有這麼多的好處，而且自動化也的確能為團隊帶來立竿見影的成效，但其實自動化可以說是最容易帶來問題的主題。多樣的工具和既有系統的瓶頸，不是讓工程師看得到自動化的好處卻享受不到，就是因為多樣開源工具的引入導致安全性、維護和不成熟的技能等問題。這些問題對於服務持續性和得來不易的 DevOps 成果來說，無疑是一大重擊。

筆者有一次因為面對客戶的工具遷移問題而苦痛萬分。由於客戶希望能夠運用
CI/CD 工具，便透過一套簡易的建置工具打造了程式碼庫到自動化流水線的工具
平台，然而後續卻因為該程式碼庫伺服器的運行環境限制而出現運行問題，甚至
一度無法啟動伺服器，後來花費了許多工夫才將資料重新整理，並且改採完整的
建置方式，最後才解決了這個問題，但這個過程大家不知道捏了多少次冷汗。

因此，自動化的確是 DevOps 的亮點，也是放大產出的重要做法，但如何為組
織成員提供參考做法、適當的培訓和平衡工具的選用，更重要的是善用工具產出
的資料來了解全貌並且找尋瓶頸點，以便建立高效的自動化也是 DevOps 的重點
所在和挑戰所在。

衡量

DevOps 以端到端的角度看待產出，並且試著透過客觀的角度來評估成果，這
正是 DevOps 為什麼能為組織帶來效益的原因之一。談到指標或許會讓從事其中
的人感到不適，畢竟會有種被量化和簡化的感覺，但若沒有指標，我們將難以了
解自己是否達到目標，也無法透過客觀的方式來了解問題所在，所以問題出在於
我們如何運用指標。若指標只是用來評估目標達成度，以便進行改善，那麼指標
又有什麼不好？

只不過即便我們能夠接受設立指標，但什麼才是正確指標，以及如何收集這些
指標都是組織中重要的議題。由於多樣的 DevOps 工具與繁雜流程之間的關聯和
任務與任務之間的追溯性往往不足，進而使得指標難以被計算和收集。

此外，由於開發和維運兩側職責的不同，所在意的指標類型也會有所不同，要
如何平衡兩者需要，而且更重要的是把業務指標考慮其中才是重要之處。

▎ 互通有無

此處我特意使用「互通有無」一詞而非「共享」來代表這個原則的重點是在於彼此資訊和能力的流通。團隊之間可以為了一個目標互相合作並且互補不足是 DevOps 的重點，只不過傳統的科層結構和制式的 KPI 設計會讓團隊之間的協作性下降。這並非人的本質問題，而單純是組織結構的設計問題。可以簡單試想若兩個團隊一個負責往左，另一個負責往右，當然原來業務兩者關係不大時，團隊可以發揮最大成效，但若有時會需要兩者合作時，兩個獨立團隊的 KPI 往往仍會僵固在原先的目的上。這麼一來莫怪乎兩者之間會難以合作，更不用說會發生衝突了。

此外，導入意味著將一個本不屬於所在情境的新做法或工具引入並且使得所在情境發生變革的過程。任何陌生的做法和工具進入一個早已習慣日常運作的團隊或者組織，勢必會帶來學習和適應的壓力，而且也會因為不了解新做法和工具所帶來的影響，使得身處其中的成員萌生威脅感。這些壓力與威脅感會以抗拒和消極的方式展現出來，進而造成導入過程充滿荊棘。這種現象對於 DevOps 導入來說，也自然是無可避免的狀況。

因此，如何創造互通有無的行為和氛圍是相當需要支持性的政策和管理層的引導，比方說跨職能的操演工作坊、分享會、獎勵措施、一對一面談和管理層對於變革的承諾等都是強化組織安全感和信任感和團隊之間的重要一步。

不管是圖 5-2 或是上述的所談到的挑戰內容，都只是 DevOps 導入時會遇到的其中一部分問題。挑戰會因為組織的資源、業態和規模而有不同，因此當規劃導入 DevOps 時，應當透過各種面向來思考挑戰和問題，以便及早準備相關對策減緩導入的影響。關於如何從各種面相來思考挑戰和問題。我們會在後續小節和大家討論如何使用 POWERS 來進行規劃和準備。

5.3　DevOp 規模化的議題

組織導入新做法和工具時，往往會透過小範圍的試驗後才逐步擴大新做法和工具的採用。當一切改變都還留在小範圍時，問題通常都不太大，可以透過開特例的方式來個案處理，即便有些許錯誤也相對無傷大雅。這固然為尚在育成的新做法和工具提供了發展的空間，但某種程度上也會讓我們淡忘變革帶來的影響和這些變革背後的條件與情境，所以當我們逐步將這些新做法和工具擴大到其他範圍時，或者當新做法和工具採用一段時間後，特例和背景條件開始回歸正常時，一些挑戰便開始變得顯著（例如合規問題等），甚至還會出現失效和意外（例如安全性問題等）。此外，擴大範圍也意味著受改變的人事物更多，所以挑戰也就更大。因此，不管是採用試點方式導入再逐步擴大或者一開始便全面導入，我們除了要掌握導入挑戰的同時，也要思索規模化會帶來的問題和影響，並且從源頭規劃風險，以便讓 DevOps 可以為組織帶來更好的效益。

如果說在討論導入挑戰時，我們的視角是由下而上，那麼在討論規模化時，我們的視角將是由上而下。因為規模化的過程非常需要來自高階領導者的支持以及對既有政策與制度的調整，並且以整個組織作為單位來思考 DevOps 導入。

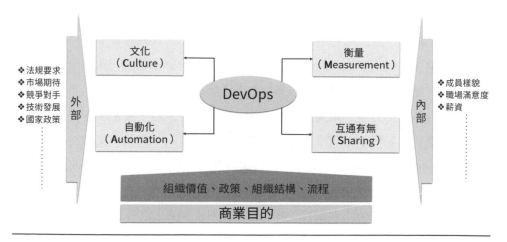

▲ 圖 5-3　DevOps vs. 企業情境

　　DevOps 規模化必然要思考企業所面臨的內外環境狀況（如圖 5-3）。組織為了因應外部挑戰和內部穩定，會基於商業目的來設定價值、政策、結構和流程，來達成商業體的存續需求。當想要擴大 DevOps 的導入範圍時，必然會使得原有的組織結構與流程和既有狀況產生牴觸，而這樣的變革會引發漣漪而使得組織不得不重新思考價值定位和既有政策的是否仍然合適。政策和原則是為了協助企業快速且有效地達成目標。面對多變的市場，若有更好的方式可以達成目標時，政策和原則並非不可動搖，反而需要定期審查它們的合用性，並且進行適當的調整。

　　雖然理論上說來是如此，然而由於價值和政策會形成組織的慣性和文化。這使得當我們在進行變革時，會很容易忽略這些情境上的條件，進而忘記它們也需要改變。這些慣性對於 DevOps 是否能夠擴及整個組織佔據著相當重要的地位。對於推動 DevOps 的有志者來說，千萬不能忘記這些事情會帶來的影響，因為它們所帶來的摩擦將是不可承受之重，比方說，讓某些得來不易的成果冒出來時變得一文不值。

　　不過規模化除了可能遭遇僵固的公司政策而發生摩擦之外，還有兩點也是推動 DevOps 時，務必要思考的議題，以下進行說明。

▌資訊透明性

　　說到透明總是會直覺地想到資訊的公開性。換言之，我到底看不看得到，接著便很容易陷入開放不開放與黑箱不黑箱的討論中。面對不確定的狀態或是缺損的資訊，而又需要做出判斷時，人容易以內在因素的角度來解釋與自己不直接相關人事物的行為。比方說，兩人相約咖啡廳，當對方遲到時，我們很容易會先想到的是為什麼對方不提早出門？他總是喜歡遲到，真是的！若狀況顛倒時，我們會先說的可能會是路上塞車，或任何其他阻礙你準時的理由，但這些理由客觀來說，對方也是可能會遭遇到，然而我們卻很難單純地如此思考。這就是所謂的基本歸因誤差，是一種發生在誰身上都不是太意外的思維偏差。為了能夠消除這些

無謂的偏差，最好的做法便是透明化資訊，讓資訊容易被取得並且被察覺。這不僅可以消除這些不必要的誤會外，也能促進處在相同情境下的人迅速地掌握當下情況，對齊目標。因此，我們應當盡可能地讓資訊透明，以便讓團隊不需要基於假設來進行決策，但只是做到公開資訊的透明是不足以讓上述的好處展現出來的。好的透明應該具備易讀、易取和易懂三個元素。

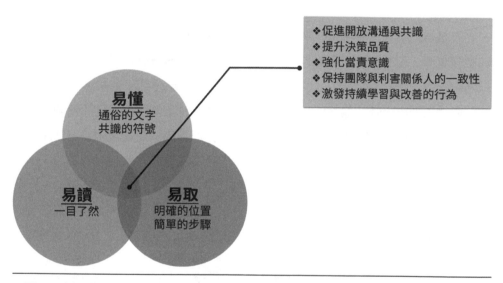

❖ 促進開放溝通與共識
❖ 提升決策品質
❖ 強化當責意識
❖ 保持團隊與利害關係人的一致性
❖ 激發持續學習與改善的行為

易懂
通俗的文字
共識的符號

易讀
一目了然

易取
明確的位置
簡單的步驟

▲ 圖 5-4　透明的要件

　　具備上述三要件時，透明才能夠展現真正的效益，因此在討論 DevOps 時，我們常會談到看板管理或是大部屋（Obeya）的戰情室概念，為的就是想要透過視覺化來達到透明的好處，另外還有在組織內開放程式碼庫的存取權，甚至是調整提出變更的權力都是提升透明性的好做法，也是增加組織敏捷性的好做法。

　　資訊透明的好處也顯見於導入 DevOps 的過程，尤其是大規模推廣 DevOps 的時候，因為資訊透明能讓處於變革中的成員了解當前狀況。透過透明化目標、規則和做法可以引導成員思考和進行決策，並且提升變革過程中的安心感。

當然開放透明並不代表所有資訊都是可以讓所有人存取的,企業總是會存在某些情境不能公開某些資訊,以便保護正在發展或者既有的競爭核心。因此,在開放透明的基礎下,思考如何賦予組織成員正確的存取權限才是重點所在,只不過任何存取的限制就會增加資訊傳遞和換手的損耗,而帶來資訊的缺損和效率瓶頸,所以思考存取權限時妥善地識別利害關係人,尤其是提供執行者足夠的資訊是相當重要的。

比方說,當某 A 工程師正在實作某項特殊功能,而該功能需要存取具專利管制的硬體資源,因此該硬體資源的相關介面操作文件也僅有少數工程師或是接洽窗口才能存取,當發生問題時,也需要透過這些管道才能確認。若某 A 工程師並非此存取權限群組內時,他不僅文件存取需要透過等待和轉述,就連除錯詢問也會需要等待。我們應該不難想像該特殊功能的實作過程將蒙受多大困難與時間上的浪費。此外,這種欠缺現實考量的限制也可能會間接造成存取權限的破口,因為某 A 工程師可能最終會使用某個「共用帳號」來存取資訊,以便加速開發。

團隊規模化方式

當 DevOps 的導入從單一團隊擴展至全組織時,推動者必須思考如何讓 DevOps 的經驗可以被有效複製,以及團隊和團隊之間的互動關係、結構和團隊人數。團隊規模化的做法不外乎兩種類型:

- 水平規模化:單一團隊的人數較少,且每個團隊有明確業務職責並且彼此獨立,可以不受影響的交付個別產出。

- 垂直規模化:單一團隊的人數較多且負責某一完整的商業功能,團隊內會按照商業需求和團隊成員的技能進行短期的分組,來機動地完成需求。

常見的規模化選擇通常是水平規模化。工程團隊希望透過一套標準做法、服務模組化與虛擬化和 API 等介面的定義來達成獨立產出,並且加速 DevOps 實務

做法的普及。不過實務上這並不容易達成，先不論成員和既有技術差異所造成的影響，商業需求往往會需要許多模組連動才能達成，以及受到既有系統架構的限制，各個團隊之間免不了會存在任務依賴，進而產生等待的狀況並且造成時間上的浪費與溝通成本。因此，過早水平規模化並不是規模化 DevOps 時的首選，最好的做法會是先垂直規模化再水平規模化。

當然討論到垂直規模化就會思考到團隊人數的多寡。亞馬遜公司所提出的「兩片比薩」（Two Pizza）[11] 團隊可以說是最讓大家津津樂道的概念。筆者在和客戶討論時，也時常會聽到客戶提出這些概念，但更多時候會被延伸詢問的是「一個團隊 8 人就是最好的選擇嗎？」或「能再多些人嗎？」這類問題。團隊人數的多寡主要受限於人可以在某一情境下和他人建立足夠緊密關係的能力。

鄧巴數 [12]（Dunbar's Number，又稱為 150 定律）指出人和他人可以產生的緊密關係具有數量上的限制。該定律並沒有指出一個明確的數值，但一般認為 150人是普遍的上限。此外，關於建構一個高效的團隊，在人數上有以下的參考：[13]

● 大約 5 人，團隊成員彼此之間可以產生緊密關係，並且在協作上有好的默契。

● 大約 15 人，團隊成員可以有深度的信任感。

● 大約 50 人，團隊成員之間能夠產生互信。

● 大約 150 人，團隊成員能夠記得彼此。

因此，組成一個單一團隊時，5~15 人是最好的數量，而 10 人以內可能是更好的選擇。看起來垂直規模化對於需要較多團隊人數組成的概念就產生了衝突，但其實這並不衝突。所謂的垂直規模化指的是團隊的構成依照一個完整的業務範圍來組成，但它並不限制團隊內形成分組來針對不同時期和需求進行分工。換言之，理論上我們可以讓一個團隊增長至 150 人的規模來對齊商業的需求範圍，以避免強硬分工產生的任務依賴和等待，並且讓團隊內的成員按照需求的急迫性、系統的架構和成員技能形成對應的小組來進行產出，就如同第四章查德的團隊一樣。

　　先垂直後水平的做法不僅會降低時間浪費，也能因應未來組織成長而人數隨之增長的狀況。當規模化 DevOps 時，務必要思考這樣的做法，而非試圖透過複製貼上的思維來普及並且擴展 DevOps。

5.4　DevOps 的成功要素

　　從導入的挑戰到規模化的議題，可以知道成功導入 DevOps 絕非只是購入套裝的工具、採用新穎的技術或複製某種經典的做法如此簡單，因為導入 DevOps 代表會為組織的各方各面帶來影響。那麼該把握哪些要點才能夠讓 DevOps 順利落地並且發揮效益呢？我們可以從技術、組織和人與文化三個層面來討論成功的要素（如圖 5-5）。

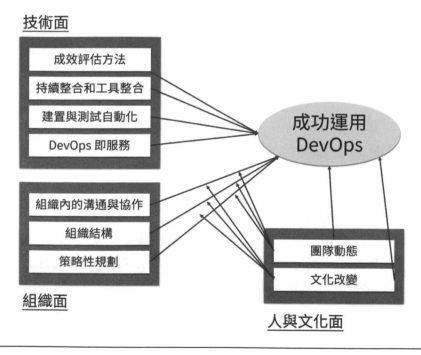

▲ 圖 5-5　DevOps 成功要素 [14]

技術面

持續整合和交付是 DevOps 中重要的實務做法。在導入 DevOps 的時候，應該重新審視當前的程式碼分支管理與合併變更的方式，來落實持續整合和交付的實務做法，並且根據這些實務做法的運用方式來選擇新興技術和開源工具。切莫單純因為其他組織的成功經驗或技術和工具新穎性而恣意採用。因為任何不合適的技術和工具採用都會為組織帶來不必要的技術債務，並且使得工具或技術之間的整合發生困難，進而影響開發者的體驗並且造成資料匯整上的麻煩，所以當採用各種新穎技術或工具的時候，應當思考：

● 工具的後續支援性。

● 工具之間的整合性。

● 工具是否僅提供必要功能，並且保留調適空間。

● 組織成員對工具的熟稔度。

● 目前組織內是否有同質性的工具，兩者差異為何？新工具或技術是否真能帶來更多效益？

當選定工具後，務必思考如何基於這些工具提供各團隊容易上手的組合用法和參考範例。同時，允許各團隊根據這些工具來進行調適，甚至是採用額外的輔助工具來更完整地解決業務上的需要。此外，思索如何搭配流程來整合工具所產出的資料，以便獲得有用的成效評估指標。

組織面

組織之於 DevOps 的成功落地，可以從兩個部分來探討。首先是組織內的人員組成方式。為了能夠降低溝通上的成本並且去除資訊換手的時間浪費，DevOps 主張基於商業需要和範圍來組成跨職能的團隊，但傳統上組織結構仍傾向採用職

能方式來進行部門劃分，所以如何在既保有原先職能劃分下，鬆綁團隊組成的方式便是在導入 DevOps 時應該思考的方向。此外，在思考以商業目標和範圍為導向的分工時，也應該在意各職能上的成長需要，才能讓人才獲得理想的發展，而不是每種職能最終都有只有一種成長選項（例如管理者）。舉例來說，透過職能劃分的部門提供成員在職能上的深耕發展，但透過跨職能團隊來提供成員在工作上的成就。

此外，組織也應該提供多元的方式來讓成員得以分享和交換彼此的資訊（包括技術和工作），比方說透過組織內資安專家來召開資安相關的討論和分享工作坊或會議，來讓不同專案或產品之間的資安議題可以在組織內流動，又或者透過建立知識管理系統來讓需要的人可以在上面演練並且學習相關的技能。

另一個部分則是讓團隊具有策略性的規劃能力。基於 DevOps 的原則或最佳實務做法（比方說持續交付和自動化測試等）以及公司的治理政策，提供團隊決策的基礎框架，引導團隊可以在期待的方向上規劃專案與產品並達成目標，也能透過這樣的決策框架來提高組織決策上的敏捷性。

▌人和文化面

團隊動態和文化改變是這個面向上最重要的兩項要素，而實際上這兩個軟性因素也是 DevOps 導入過程中最為複雜但也最為重要的兩項因素。

以 DevOps 來說，構築跨職能團隊是個關鍵要項，而跨職能團隊內的順暢溝通則是團隊是否能夠順利合作的重要條件。跨職能團隊並非要每個人都十八般武藝，而是希望不同職能的人可以互相理解並且合作達成目標，但這並不是一個簡單的事情。畢竟職能不同也代表背景知識和語言不同，團隊是否能夠以共通的語言來合作，這考驗跨職能團隊是否能夠順利運行。

　　為了能夠達成這個目標,在專案初始或團隊建立時,應該引導團隊建立屬於團隊自己的協定和共通標準。所謂協定指的是彼此同在一個團隊或空間的做事準則,比方說當有電話時,應該離開會議室避免吵到其他人,或是當團隊裡有人帶起耳機時,就是意味著請勿打擾,而標準則是做事方式的共通基準。以程式碼撰寫來說,可以把標準想成程式碼風格,又或者團隊可以將此標準用在需求故事的撰寫模式上。不管是標準或是協定,重要的是讓團隊成員透過討論和溝通去達成共識。

　　此外,當導入 DevOps 或是新的實務做法時必然會讓團隊感到不習慣。領導者應該給團隊沒有負擔的說不權力,或是讓這些導入有反悔的機會。別擔心團隊成員的反悔權力會導致最終無法導入任何新做法。大家可以試想,若一樣做法在經過一段時間的反覆體驗後都無法取得任何人的認可,那麼這樣的新做法即便真能為其他人帶來好處,也不見得能為你的團隊帶來任何益處。一個真能讓大家成長且有好處的做法,在團隊成員充分體驗後肯定會得到它該有的評價。若這樣的過程中,有少數團隊成員感到相當不安和憂心,那麼身為領導者或推動者的你該做的事將會是和那些團隊成員溝通,以便了解真正的問題癥結。

　　若 DevOps 導入僅在特定團隊之內時,透過團隊建立的活動、領導者的支持和必要的技能培訓都能讓問題得到妥適的改善,但當進一步將 DevOps 推展至全組織時,問題就會變得相當複雜。越是高階的管理者越是目標導向,而且目標會是商業目標,這是相當合理且自然的事情,所以採用 DevOps、敏捷或是任何其它實務做法對於他們來說並不一定特別重要,除非他們了解做這些事情和目標有絕對的關係。因此,當推動 DevOps 時,如何一層一層地找到贊助者,並且讓這些贊助者幫你轉譯或告訴你如何表達 DevOps 的好處來讓更上一層的贊助者了解,通常是比較有效的做法。除此之外,身為推動者也必須考量所處產業的限制。比方說,有法規限制的產業通常組織文化上較為保守,在引入新做法時往往會比較

耗時，評估的事情也會比較多，因此在導入時，務必要先行考量這些限制所帶來的影響，以避免導入過程的衝突和摩擦，甚至是頻繁變革失敗所帶來的疲乏。

本節討論了 DevOps 的成功面向和各面向中的關鍵議題。雖然各面向所涉及的範圍繁雜而且均非一蹴可幾，但要點是以人為本，以目標為出發點，並且按實際需要來解決現實的問題。

5.5 　總結

　　DevOps 打通了軟體開發中的經絡，為所有軟體開發者帶來了更順暢的體驗與活力。它從一開始的維運端敏捷運動，循著價值流將努力已久的開發端敏捷串接了起來。軟體開發的敏捷不再只是如何做得快，而是如何交付得快又穩。在價值流的促使下，DevOps 所代表的意義將不再只是侷限於開發與維運，而是軟體服務組織內的所有人要如何在這條軟體交付流水線上，發揮最好的合作，以最有效率的方式交付商業價值。

　　本章從 DevOps 是什麼到挑戰和議題，最後則以成功要素做總結。說穿了，挑戰和成功的要素其實是一體兩面，而討論到的議題則是關於如何促使 DevOps 順暢擴展至全組織的要點。當我們討論推動 DevOps 時，絕對不是盲目地推崇某種工具、技術或者是做法，而是需要基於面對的挑戰和組織的情境來找出屬於自己組織最適合的做法。最重要的是任何的改變都需要時間，而能夠落實改變的則是組織中的每一位成員。

　　接下來的章節，本書將開始討論改變的方法以及思考如何規劃改變，以便讓 DevOps 能更加沒有摩擦地為組織帶來效益。

　　本章閱讀完後，你是否對 DevOps 有更深的了解和掌握呢？試著回答以下問題，順便回顧一下本章內容：

1. 敏捷和 DevOps 之間的關係是什麼呢？

2. 你能夠舉出三個關於 DevOps 導入的挑戰嗎？

3. 垂直規模化與水平規模化之間的差異為何？

4. 為了 DevOps 導入新工具或技術時，應該思考哪些問題？

5. 透明的要件為何？

參考資料

[1] Weber L. DevOps: A Software Architect's Perspective. New York Addison-Wesley; 2015.

[2] Dyck, A., Penners, R., & Lichter, H. (2015). Towards definitions for Release Engineering and DevOps. 2015 IEEE/ACM 3rd International Workshop on Release Engineering.

[3] Azad, N., & Hyrynsalmi, S. (2023). DevOps critical success factors—A systematic literature review. Information and Software Technology, 107150.

[4] Akbar, M. A., Naveed, W., Mahmood, S., Alsanad, A. A., Alsanad, A., Gumaei, A., & Mateen, A. (2020). Prioritization based taxonomy of DevOps challenges using fuzzy AHP analysis. IEEE Access, 8, 202487-202507.

[5] Buchalcevova, A., & Doležel, M. (2019). IT systems delivery in the digital age: Agile, devops and beyond. Proceedings of the 27th Interdisciplinary Information Management Talks, 421-429.

[6] Debois, P. (2008, August). Agile infrastructure and operations: How infra-gile are you?. In Agile 2008 Conference (pp. 202-207). IEEE.

[7] Allspaw, J. (n.d.). 10+ deploys per day: Dev and Ops cooperation at Flickr. SlideShare. https://www.slideshare.net/jallspaw/10-deploys-per-day-dev-and-ops-cooperation-at-flickr.

[8] Wood, M. (2013, May 6). Why You're Confusing Frameworks with Methodologies. ProjectManagement.com. https://www.projectmanagement.com/articles/278600/why-you-re-confusing-frameworks-with-methodologies.

[9] Toda, K., & Mitsui, N. (2022). Whitepaper: Success with enterprise DevOps [White paper]. EXIN.

[10] Akbar, M. A., Naveed, W., Mahmood, S., Alsanad, A. A., Alsanad, A., Gumaei, A., & Mateen, A. (2020). Prioritization Based Taxonomy of DevOps Challenges Using Fuzzy AHP Analysis. IEEE Access.

[11] Two-Pizza Teams. (n.d.). Amazon Web Services. https://docs.aws.amazon.com/ whitepapers/latest/ introduction-devops-aws/two-pizza-teams.html.

[12] Gladwell M. The Tipping Point-How Little Things Make a Big Difference. Little, Brown and Company; 2000

[13] MATTHEW S.,MANUEL P. Team Topologies: Organizing Business and Technology Teams for Fast Flow. IT Revolution Press; 2019.

[14] Azad, N., & Hyrynsalmi, S. (2023). DevOps critical success factors—A systematic literature review. Information and Software Technology, 107150.

常見的變革方法

✍ 前言

　　變革是每個組織都無法避免的議題，導致變革的原因可能來自內部或外部，或同時來自兩者。比方說：新的市場變化、組織內部的營運架構問題、新數位工具的引入、流程改善與效能提升等，當然包括了導入 DevOps。不管理由為何，任何現狀的變動都會對已經習慣日常運作的團隊和組織帶來刺激，差異只在於大小與範圍，而這樣的刺激會使得受影響的成員感到不適或排斥，進而抗拒改變。這是人之常情，畢竟面對未知的事物誰能不懷著擔憂的心情呢？

　　為了能讓這些新事物順利地在組織內落地，並且成為組織的一部分，身為一位領導者或推動者，絕對需要一套工具來協助自己從各種面向來思考和規劃新事物導入的方式，並且管理改變過程中的摩擦，而變革方法就是用來協助導入變革的工具。

　　相較於方法論，大部分的變革方法更近似於工具或框架，因為工具或框架較著重在指引性的規則、目標和輔助或參考做法，以便讓改變更加貼合組織的情境，並且產生最大的效益。

　　變革方法一詞或許聽起來有些沉重，但其實談到變革，不外乎就是從組織和個人兩個方面來著手，尤其是個人的心理變化與行為更是影響變革成功與否的關鍵。因此，本章介紹的五種常見變革方法中，前四個方法便是圍繞著個人的心理變化和行為目的來思索如何解決「抗拒改變」，而最後一個方法則是從組織層面來規劃與管理變革。

6.1 庫伯勒 - 羅絲（Kübler-Ross） 變革曲線

變革過程中最大的議題莫過於「抗拒改變」。不管變革目標和理由多正確，如果參與其中的人無法接受，那麼變革的成效也會因此大打折扣。Kübler-Ross 變革曲線便是用來了解人面對重大改變時的心理變化。透過了解這些變化，管理者或推動者可以據此提供參與者必要的協助，並且在變革計畫中考慮必要的措施。

庫伯勒 • 羅絲（Kübler-Ross）是一位瑞士裔的美國心理醫生。變革曲線首見於 1969 年的著作《On Death and Dying: What the Dying Have to Teach Doctors, Nurses, Clergy and Their Own Families[※1]》。該著作是庫伯勒 • 羅絲醫生根據與許多突患重大疾病或臨終病患的臨床經驗與觀察撰寫而成。書中所述的變革曲線後來又被應用到解釋一個人面對重大改變的心理變化。換言之，也適用於組織成員面對突如其來的變革要求時的心理變化。

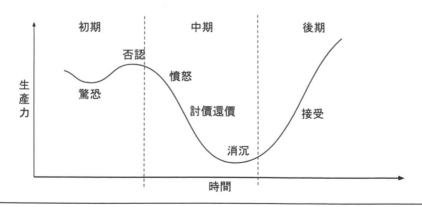

▲ 圖 6-1　庫伯勒 - 羅絲變革曲線 [1]

※1　中文書名：《論死亡與臨終：生死學大師的最後一堂人生課》。

　　變革曲線最初是由五個階段所組成，分別是否認（Denial）、憤怒（Anger）、討價還價（Bargaining）、消沉（Depression）和接受（Acceptance）。不過，隨著時間演進，陸續出現六個階段或七個階段的解釋方式。不管是哪種解釋方式，從概念和運用上來說都不會差太遠。本書是基於五個階段的解釋方式，並且將驚恐與否認區別為兩階段來討論導入初期的細節。至於七個階段的解釋方式，讀者不妨到此變革曲線的官方網站 ※2 來進一步了解。

　　本書所指六個階段組成如圖 6-1，分別為：

▌ 驚恐（Shock）

　　面對未知或預料外的事情，人會經歷相當短暫的驚恐時期。這主要是因為資訊的缺乏所導致。當組織成員陷入驚恐時，會出現短暫的生產力下降。一般來說，若組織的透明度較高，成員比較不易出現這個階段。面對這個階段，推動者可以透過以下方式來加速成員度過這個階段：

- 詳細地解釋變革的目標和原由。

- 說明不變革可能會帶來的問題。

- 展示變革成功可能會帶來的好處。

- 變革的影響範圍與形式。

- 組織會提供的協助。

- 提供直接且個人的諮詢與討論。

　　重點在於協助成員掌握目前的狀況與資訊，並且盡可能地回應成員的問題。

※2　關於庫伯勒-羅絲變革曲線的官方網站：https://www.ekrfoundation.org/5-stages-of-grief/change-curve/。

否認（Denial）

遭遇突發或非預期的改變時，除了驚訝，我們還可能會脫口而出「不是吧」、「不可能」或「我不信」之類的話，因為此時的我們更願意去接受一些較能接受的事實，哪怕它有些錯誤。比方說，當公司因為遭遇營運上的逆風，希望透過刪減某些業務並進行組織重整時，身處其中的成員可能會說：「業務不是有逐步改善嗎？或許又是公司的新花招，這些業務應該還是會繼續吧！」，即便自身也有意識到所處的業務其實狀況不佳，因為透過否定這些變化，可以讓人減輕不安感與不確定感。在這個階段，有時甚至會發現成員展現比過往更好的成績。原因無它，成員希望透過這種方式來告訴推動者「舊」方法是行得通的！

推動者需要去理解成員在這個階段的各種行為，並且堅定原來的變革目標。否認的行為經常來自於資訊量過大和驚訝，使得身處其中的人無法有餘裕地消化事實。因此與其承認變革的事實，倒不如相信它不會發生，甚至會因為無效而被取消。實務上，可以發現驚恐和否認這兩個階段會同時或交替發生。想要協助成員順利度過此階段，除了掌握上一個階段所提出的建議以外，還需要：

● 邀請成員參與變革的討論。
● 尋求成員對於變革的回饋與想法。

此時的重點在於讓成員正視變革的必要性，並且透過溝通和促進成員加入變革，以便讓變革可以被正確地認知。

憤怒（Anger）

成員充分理解變革的必要性和所帶來的影響後，不見得能馬上接受，畢竟受影響成員仍然處在受影響的狀態。這些影響可能會造成他的不安或立即可以想像的損失，所以會使得成員感到憤怒，進而可能會怨天尤人，或者可能會認為這些改變一點也不公平。

對於組織來說，受影響成員的憤怒表現不必然是一件壞事，因為憤怒也是人之常情，而且外顯的情緒表現更有益於組織去意識和了解變革所帶來的影響，進而找出方法來引導和減輕變革的負面問題。因此，面對受影響成員的憤怒，組織應該思考：

- 及早識別憤怒爆發的前兆，並且介入溝通。
- 注意憤怒情緒可能會對組織或成員產生顯著不利的行為。
- 確保溝通與尋求協助的管道暢通。
- 對事不對人。

▎ 討價還價（Bargaining）

正確地認知了變革並且度過憤怒階段之後，組織將迎來成員開始試著接受變革的契機點。此時的成員會試圖在需要的變革中找尋可能的折衷做法，以便減輕自身的不適感。當然這類的折衷做法不必然是對變革有益的，甚至可能與變革目標衝突，例如「是否能延後進行？」或「是否能有例外做法？」。

推動者面對這類的折衷要求，應把握幾個重點：

- 仔細聆聽需求，堅持立場。
- 在可允許且不影響變革目標的情況下，提供調適的空間。
- 提供必要的支持性教練服務或培訓。

▎ 消沉（Depression）

度過了討價還價階段，成員了解到當前變革的影響是不可逆且必然會完整發生。作為組織的一員，他能做的只有接受，同時感到滿滿的絕望和無力感。此

時，組織成員的生產力會來到最低，也是整個變革過程中最關鍵的時間，因為成員可能會選擇離開。

對於組織來說，了解組織價值與文化的成員是相當珍貴的。在沮喪的情況下離開，組織不僅要面對人才的流失和新人員的招募，甚至還會誘發離職潮與聲譽損失，所以領導者需要特別注意此階段的應對，來協助組織成員越過這道坎。關於這個階段有以下幾個建議：

● 促進成員參與變革的規劃和建議。

● 強化個人溝通管道。

● 為成員無法接受變革的問題提供解決方案。

● 避免解決方案與變革目標之間的衝突。

▌接受（Acceptance）

接受是整個變革的最後心理階段。成員開始逐步恢復生產力，並且開始在變革方向上找到往前的方法。對於組織來說，這正是鞏固與提升變革成功的時機點。組織應該把握以下重點：

● 提升成員對於變革規劃的參與度，重視他們的建議與點子。

● 宣傳變革帶來的正面效果，包含成員對於變革正面的看法。

● 獎勵成員為變革所做出的成果。

變革曲線以人為中心，直觀地描述了人面對改變的心理變化，所以能讓推動者或參與者更容易了解在變革過程中情緒和行為可能會產生的變化，以找尋減輕變革摩擦的方法和提升對變革的認知，所以對於變革的推動者來說，這是一個很好的參考模型與工具。變革推動者可以透過該模型的各階段來擬定對應的支持措施，以便讓變革的幽谷變淺或讓中期區域變窄（如圖 6-2）。

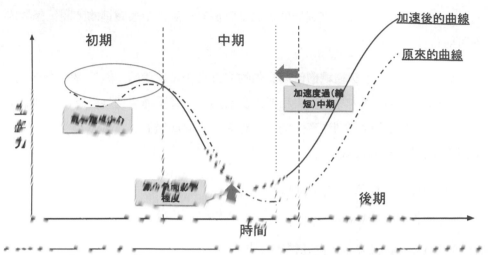

初期　　　中期

加速後的曲線

原來的曲線

加速度過(縮短)中期

後期

時間

▲ 圖6-7　功夫貓與加速變革

　　不過，人的心理變化並非是線性的。在相同的改變情況下，不同的人也會有不同的反應，有的人可以很順利地度過，略過跳過某些階段，而有些人則可能也在幾個階段中往返。此外，變革曲線是基於人的心理現象來作為描述的基礎，對於具體要達成的目標與做法所提供的指引則相對模糊，而且相同的做法對於不同人可能也會有不同的反應。因此，變革曲線對於組織變革的推動者來說是必備的知識，但如果希望能更具體地抑制變革，仍然需要搭配其他變革工具一起使用。

6.2 李文（Lewin）變革模型

李文（Kurt Lewin）是一位德裔的美國心理學者和知名的社會心理學先驅者。他在 1940 年代提出一套用來了解變革歷程的模型。透過該模型，我們得以了解與評估組織環境中的變革過程，並且找出如何有效率改變現狀的方法。

組織成員的行為會受到所在環境內的驅力和限制而持續產生變動。當組織環境內的驅力與限制達成平衡時，組織成員的行為相對穩定，這也是我們常說的現狀（status quo）。穩定的現狀並無不妥，畢竟穩定能讓組織更好地進行規模化和提升效率，但當變革的需求出現時，組織便需要透過分析和調整組織環境的驅力和限制，來破壞當前的平衡，進而引導成員擁抱改變，並且迎向新的平衡。

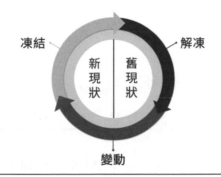

▲ 圖 6-3　李文變革模型

李文變革模型是由三個直觀且易於理解的階段所組成，用以了解現狀改變的過程（如圖 6-3）。這三個階段分述如下：

▌解凍（Unfreezing）

現況就像一塊穩固且堅硬的冰塊，當我們尋求改變的時候，便需要將冰塊解凍才能夠重新塑型。換言之，本階段代表組織意識到變革的需求，並且開始尋求如何改變現狀（將冰塊解凍）和啟動改變。

為了能夠有效地改變平衡，變革的推動者需要把握以下的要點：

- 透過分析當前的商業問題，來明確變革的必要性。

- 盤點與了解現狀，來找出實現變革目標的做法。

- 透過說明與展示變革的好處，來尋求贊助者的支持。

- 使用易於理解且正面的訊息來傳達變革的目標與內容。

- 與利害關係人持續溝通。

關於如何盤點與了解現狀，並且找出實現變革目標的做法，可以透過力場分析（Force Field Analysis）來進行。如前文所述，現狀是由驅力和限制平衡後而得。力場分析就是基於變革目標，來了解當前狀態、期望狀態和不變革的後果，並盤點出驅動與限制改變的因素，進而獲得如圖 6-4 的分析圖表。當找出各項因素後，便能透過量化的方式來了解各項因素的影響強度，進而找出改變現狀的方法並制定變革計畫。

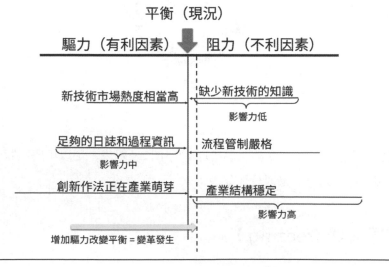

▲ 圖 6-4　力場分析圖（量化後的影響力以長短線條呈現）

▍變動（Moving）

　　隨著平衡的消失，組織成員開始受到影響而產生行為上的改變。此時，組織內的大多數成員已經了解變革，並且開始思考與學習如何適應新角色、新流程和新技能，所以變革推動者除了需要持續對力場分析中的各項量化指標進行評估，來觀察計畫實施的狀態以外，還需要為以下要點採取行動：

- 暢通變革所需的相關資訊，以便有效運用組織既有能力並快速為問題找到解決方案。
- 提供必要的技能培訓。
- 提高成員參與變革規劃的機會，例如參與腦力激盪與提案等。
- 挖掘與累積變革過程中的小成果，並且讓組織成員充分知道這些訊息。
- 持續強化溝通管道，並且尋求成員的回饋。
- 關注遭遇困難的成員，並且提供適時的支持。

▍凍結（Refreezing）

　　當成員對於改變更加熟悉，變革推動者應該思考如何穩固當前的平衡，以便讓這些改變成為組織文化的一部分，而非曇花一現的轉變。為了達到這樣的目標，變革推動者需要將已經重新塑型的新現狀凍結，來達到穩固的目的。在這個階段有以下要點：

- 持續提供必要培訓。
- 持續蒐集成員的回饋，並且引導改善。
- 識別可能危及變革成果的風險，並且採取行動。
- 持續宣導變革的成果。
- 為積極參與且有具體成果的成員提供獎勵。

　　因此，當我們希望讓組織成員接受變革，並且做出對應的改變時，我們是否能夠以成員角度來描述變革，以便減少組織成員的憂心，並且更有意願做出改變？這便是以推力理論思考推動變革的核心訴求。

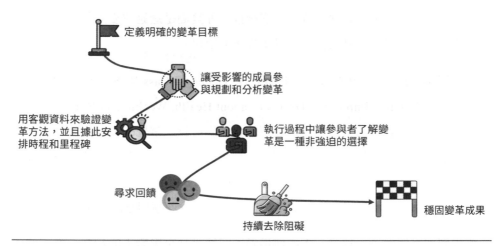

　▲ 圖 6-5　運用推力理論的變革七步驟

　　當我們希望透過推力理論來規劃並且推動變革時，可以透過以下的七個步驟（如圖 6-5）來進行：

▌步驟一：定義明確的變革目標

　　進行變革的首要之務肯定是搞清楚訴求和目的，並且找出希望得到的成果。這個步驟是所有變革的基礎和原點，只不過有個要點需要特別注意，那就是目標不宜過大或過於抽象。畢竟推力理論是透過參與變革者的角度來思考如何讓變革更容易被理解和接受。過大的目標往往關聯的面向更大，而且概念更為複雜，所以並不好讓參與者聚焦並理解，尤其當組織文化較為保守或變革目標過於陌生的情況下，將變革目標拆解成具體且易於理解的大小就更加重要。比方說，將原先待

辦事項與需求管理從 Trello 遷移到 GitLab，來簡化和強化需求事項和實作產出之間的關聯管理，進而提高開發效率與品質。

此外，雖然應用推力理論會讓人誤以為有操弄參與者的想法，但這絕非推力理論的價值。操弄或許能帶來速效成果，但隨著時間和次數，操弄帶來的不信任感將會進一步提高之後的變革成本，所以變革推動者不僅要明確定義變革目標外，也要讓變革的資訊透明化與容易取得，並且以善意為出發點。

▌步驟二：讓受影響的成員參與規劃和分析變革

即便合情合理，黑箱式的結論還是會增加不信任感、缺乏足夠的多樣觀點（尤其是參與者的觀點）和降低參與度的問題。因此，越早讓參與者加入變革的討論也是相當重要的步驟。透過與參與者的討論，並且一同探究變革所影響的日常操作，可以讓參與者更了解變革的必要性，也能讓推動者更容易獲得正確且關鍵的協助。比方說目前正在討論如何替換公司所使用的客戶關係管理系統。若剛好遇到系統資料轉換和管理細節的問題時，而且在場剛好有銷售人員和系統管理人員的話，那麼就能立即獲得一些洞見，甚至是日後具體的協助。

▌步驟三：用客觀資料來驗證變革方法，並且據此安排時程和里程碑

當確立了變革目標和產出，總要知道如何安排時間，以及該有怎樣程度的期待。驗證變革目標是否有益的最好方法就是透過客觀事實，比方說產業經驗、研究機構的統計分析資料或組織的營運資料。直觀的想法或許是正確的，但客觀的事實則更能讓大家接受，並且創造更具安全感的變革基礎。此外，有憑有據的資料也能讓大家對變革有正確的期待。變革是相當務實的議題，唯有正確的期待才能產生最大效益和提升成功率。

步驟四：執行過程中讓參與者了解變革是一種非強迫的選擇

推力理論的目標是提高變革者的意願。強摘的果實不會甜，在變革過程也是如此。若讓參與者認為變革是被迫的，那麼參與者的抗拒就會更加劇烈，而且也更不容易獲得參與者的回饋，進而使得變革風險和成本增高。

不過，變革目標終究緊扣著商業目的，往往有其必要性，所以不強迫並不代表要放棄變革目標，而是要尋求參與者願意以正面態度擁抱變革的方法，而不是簡單地將改變納入規範要求遵守。畢竟上有政策，下有對策，如果落入這樣的情況，變革最終也只不過是徒具形式，不僅不會帶來效益，可能還會添亂。

步驟五：尋求回饋

規劃總是有一定的假設性，而且組織的內外部環境也持續在變動，所以改善變革的落地方式通常是在所難免的事情。尋求改善的第一步就是尋求回饋，沒有根據的改善往往只是瞎忙，而且尋求回饋的同時，也能深入了解參與者的感受和變革計畫未能周全之處。透過回饋與改善的過程將能提高變革的認同感、周全性和成功率。

步驟六：持續去除阻礙

變革過程中難免會遭遇阻礙，而且隨著變革的進行，原先不明確的阻礙也會漸趨明確。這些阻礙不盡然是由人所造成，也有可能是因為過時的規則。去除阻礙的重點是了解阻礙的系統性成因，而非某位特定的角色或人。畢竟，人的反應只是一種結果，找出造成這樣行為反應的源頭並且解決，才是最有效率的方法，否則相同的阻礙很可能春風吹又生，滅了一個又出現一個。

▎步驟七：穩固變革成果

煙火雖美但不持續，所以變革不能像煙火一樣。我們不僅需要做出成果，還要讓成果繼續下去並且變得更好。為了達到這個目標，應用推力理論於變革管理時，也需要和其他變革理論一樣，透過獎勵、制度化和持續培訓和推廣讓成果逐漸變成日常，進而成為文化的一部分。

沒有人喜歡單方面地被改變。單純地由上往下發號施令迫使組織成員接受改變，不僅容易讓人覺得不受尊重，也會讓組織成員認為自己不受信任且沒有價值。運用推力理論能讓我們聚焦在目的本身，並且以參與者角度找尋目標中能夠驅使人產生意願的誘因。這個過程其實能讓變革更加務實，也更能創造雙贏的情境。

不過需要謹記的是推力理論在於促進與引導參與者能夠主動且正面地接受目標，但絕非是用來賣弄心機並且操弄參與者的工具。就如同前文所述，經常性的操弄行為會降低參與者對於組織的信任感，也會降低心理安全感。即便它或許能收到短期的效果，但最終需要負擔的恢復成本將是難以預期的。

此外，推力理論在產業與政府上已經有許多成功案例，也經常是組織裡人力資源部門在推動相關政策時常用的方法，而且經常能在短期間內就得到推行的效益，但在面對變革這個複雜議題時，難以單純採用推力理論來達成變革目標。變革推動者需要考慮合併使用其他變革管理方法，才能夠完成變革的目標。

到目前為止，筆者已經介紹了三種變革管理工具。這三種工具都是以人為中心，分別從人面對改變的心理變化、參與者所認知的環境對於擁抱變革的影響，和本節從人對事物的認知是如何影響決策的三種角度來思索如何規劃變革，但這三種面向所述之方法都是以了解客觀事實作為出發點，對於變革推動者來說比較欠缺明顯的階段目的性。下一節將介紹專為變革管理設計的工具。它仍然是以人為中心來解決抗拒改變的方法，但還能為變革推動者提供各階段規劃的目的，來協助推動者為變革擬定計畫。

6.4　ADKAR 模型

ADKAR 是由 Procsi[4] 的創辦人 Jeffrey Hiatt 所提出的變革模型。同時也是 Procsi 所主張的變革管理方法論中兩個主要基礎模型的其中之一。

組織成員對於改變的抗拒往往來自對於變革的原因和必要性沒有清楚的認知，加上知識和技能方面的落差，進一步加劇對變革的抗拒。因此，ADKAR 模型便是基於這些關鍵問題來構成，以解決抗拒改變的問題。

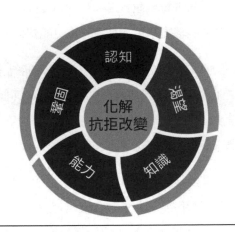

▲ 圖 6-6　ADKAR 變革模型

ADKAR 的每個字母分別代表變革過程中的五個相互關聯的重要議題（如圖 6-6）。模型的應用基礎概念是透過聚焦這五個議題來循序獲得關鍵成果，以便達成變革目標。這五個議題分別是：

※4　Procsi 官方網站：https://www.prosci.com/。

認知（Awareness）

作為首要必須達成的目標，便是讓組織成員察覺並且了解到「到底要變什麼？」和「為什麼要做這些事？」。畢竟，唯有基於理解才能讓成員開始思考是否接受變革。

因此，變革推動者應該建立溝通計畫與管道，來向組織成員傳達變革的必要性。為了讓組織成員更好地理解並且接受變革，從是否對於組織成員有所裨益肯定是最好的做法。別忘了上一節介紹的「推力理論」，因為此時正是它發揮效用的時候。

比方說，某家公司希望改善組織的文件管理工具，以便提高組織成員的協作效率，並且提高文件保護的安全性，所以希望從原先各自建立文件，並且透過網路共享資料夾來存放文件的方式，改為使用雲端的儲存服務和文件編輯工具。那麼變革推動者可以詳述目前這個問題，比方說：從文件難以尋找、編輯與共用不容易進行、文件版本不易管理且混亂、不易從公司外部存取一般文件和文件軟體更新問題等來著手，並且佐以客觀的資料，比方說文件遺失的次數、外部存取的頻率、尋找時間長度等來和組織成員溝通，更換工具的必要性，甚至使用近期發生的關聯事件來讓成員理解改變的必要性。

渴望（Desire）

當組織成員了解變革有其必要性時，並不代表他想要改變。有時候了解是一回事，想要另是一回事。畢竟舊方法雖不濟事，但也存在已久。一位服水土的成員對於稍不方便的做法或許也早以成為他的習慣與浪漫。

因此，變革推動者應該更具體地讓組織成員了解改變的好處，並且讓組織成員認為改變是大勢所趨。成員有時並非不願意擁抱改變，而是環境條件讓他認為選

擇舊方法更合乎效益，別忘了李文變革模型所提及的想法，那就是組織成員所認知的環境和組織成員的行為之間有著密切的交互關係。推動者可以透過力場分析來了解驅力與限制，來進一步提高成員的意願。

當然千萬不能忘記的是：領導者需要在這個轉換過程中扮演著示範的角色，並且充分聆聽成員的不安和提供協助。這對於改善變革的落地方式將有相當大的助益。

▌知識（Knowledge）

變革往往會伴隨著新做法、新工具或新的背景知識，這些前提都有賴於組織提供必要的培訓和演練給組織成員，以便能讓他們知道如何開始適應和接受改變。

比方說，前文提到的文件管理工具轉換。變革推動者絕對有其必要提供相關的培訓，以便組織成員了解如何使用、使用上有哪些規定和是否有些便捷的方式，讓成員能夠開始試著使用並習慣相關工具與做法。這裡所謂的培訓除了包含傳統的上課之外，變革推動者也能透過：

● 組織的知識共享平台（例如部落格貼文）。

● 分享會。

● 師徒或教練制度。

● 線上影片。

● 可演練的沙盒環境。

總之，組織內的知識傳播有很多種方式，推動者應當思考多元的方式來降低學習門檻。

能力（Ability）

知識與能力的差異在於實際經驗和自信心。大家不妨回想一下考取汽車駕照和實際購車上路的差異。當組織成員擁有實現變革所需的知識後，下一個問題便是思考如何讓組織成員有自信地運用所學到的知識來實現改變的需求。

能力代表的就是組織成員能夠運用所學知識來實際進行操作的能力。當我們在思考如何達到讓成員具備能力的目標時，除了前一個議題「知識」提到的沙盒演練、師徒或教練制度，如何建立一個具備心理安全的環境和自省改善的氛圍將是一個相當重要的問題。畢竟自信來自於正確地做對事情，而最佳做法再好還是得符合組織環境與限制，因此提供一個可檢討與可改善的環境對於正在變革過程中的組織成員來說，會是一個重要且需要達成的目標之一。

鞏固（Reinforcement）

當前述的成果都已經達成了，那麼代表變革已經初步落實到組織裡面了，但千萬別因此而掉以輕心。因為目前只不過是大家剛學會新做法，然而舊的習慣仍未從組織成員的腦海中抹去。新做法距離成為日常的一部分還有一段距離需要努力。

變革推動者應該考慮以下做法，來鞏固得來不易的成果：

- 基於共識的指標，來建立（或次一個）目標。
- 獎勵達成和提出改善的成員。
- 建立共享交流的機制。
- 引導成員持續尋找改善機會。
- 將新做法文件化且制度化。
- 持續宣導與提供培訓。
- 持續傾聽改變為成員帶來的困擾。

以筆者的經驗來說，模型的最後一步可以說是相當關鍵且重要的一步，但它時常被忽略掉，尤其是當變革過程順利或成果顯著時，更容易被忽略。從了解到有意願是一回事，從有意願到做是另一回事，而從做到成為習慣那更是另一回事。別小看習慣和成員的忍耐能力。因此，變革推動者應該持續地促進期待行為的發生與排除組織各方面上的阻礙，同時基於成員的實踐經驗來擴大成員自發性地進行改善，以便擴大和深化變革的參與度。

ADKAR 是一個成果導向的變革模型。對於變革推動者來說，它提供了一套更為明確的指引。這也正是這個模型的吸引人之處，但變革總是複雜，再好的模型也無法全面地覆蓋變革的需求，當然 AKDAR 也不例外。因此，變革推動者在運用變革工具時，不只該了解工具的運用方法，也應該思考是否結合其他工具來讓規劃更為完整。

本節在介紹 ADKAR 的同時也試著帶入了前幾節介紹的變革工具，正是一個例子。此外，也能透過結合其他工具來讓 ADKAR 更具有階段性的概念，比方說運用李文變革模型的三階段來思考 ADKAR（如圖 6-7）。

▲ 圖 6-7　ADKAR 與李文變革模型

到目前為止所介紹的變革工具基本上都圍繞著化解「抗拒改變」，甚至可以說圍繞著如何化解每個成員的抗拒來思考變革，但並未特別說明如何進行組織變革。換言之，變革的規劃可以由特定團體以專案方式來推動，並且在變革規劃完成後，便推到組織的成員眼前。化解成員對於變革的抗拒固然是相當重要的事情，但在規劃與推動變革時，需要有更為策略性的角度來施行變革才能夠讓變革

有效地推廣到整個組織中。下個章節將以組織為主軸來討論另一個相當知名的變革模型——科特變革模型（Kotter's Change Model）。它是一個能協助變革推動者從更宏觀角度規劃與推行變革的工具。

6.5 科特變革模型（Kotter's Change Model）

科特變革模型首見於 1995 年，由 John P. Kotter 在哈佛商業評論的專文中提出。次年，他出版了新書《Leading Change: An Action Plan from the World's Foremost Expert on Business Leadership》，並且提出了更為詳細的模型說明與介紹。

科特變革模型作為最受歡迎的變革模型之一，主要原因在於它提供了更為策略性的角度來協助變革推動者有效地施行變革，並且獲得成功。雖然仍是圍繞著化解「抗拒改變」問題，但有別於其他模型，科特變革模型也關注「如何進行組織變革」此一議題。

俗話說得好「百聞不如一見」。一般在思考和規劃變革時，我們會著重於分析變革的必要性，並且據此來說服贊助者的支持，接著便一股腦兒地推到參與者的眼前。或許我們能夠藉助稍早的模型來讓變革更容易被參與者接納與理解（如推力理論），或讓變革進行的道路多些助力、少些阻礙（如李文模型），但變革是更加複雜的一件事，而人對於事物與道理的感知也是相當複雜的。單純地透過分析後的結論來說服參與者，倒不如讓他參與進來去感受改變的成果和必要性。因此，科特變革模型相當在意如何促進變革參與度，並且透過結合組織層面的顧慮和領導力的支持，來讓變革的成功率提高。

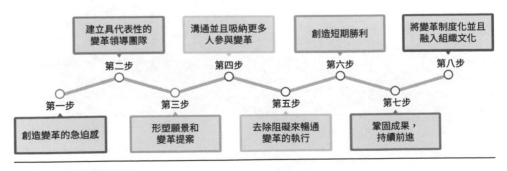

▲ 圖 6-8　科特變革模型

科特變革模型將變革推動拆解成八個有具體行動的步驟（如圖 6-8）。分別是：

▌ 步驟一：創造變革的急迫感

如前文所述，規劃與啟動變革固然可以透過特定團隊，甚至是由推動者個人對變革的必要性進行分析並且提出解法後，尋求利害關係人的認同，然後就推到組織成員眼前。推動者自然是了解組織需求，並且有能力規劃出妥當又正確的變革計畫，但現實即便再正確都還是有可能引發成員的不信任感，並且疏離自身與變革之間的關係。

科特變革模型的第一步與 ADKAR 模型的「認知」都強調讓組織成員了解並且正確地認知變革的需要，然而要達到這個目標，究竟該如何做比較好呢？這個問題的答案可以從科特變革模型的第一步找到解答。

那就是——創造急迫感。

與其透過包裝後的結論來說服組織成員變革的必要性，不如將變革的背後原因曝露出來，讓組織成員感受原因對自身的影響，並且尋求他們對於這些成因的回饋，來了解還有哪些可能的影響。為了能夠有效地溝通變革的急迫性，請掌握以下要點：

- 識別變革的背後原因。
- 基於客觀的資料進行透明且真誠溝通。
- 以故事的方式描述背後原因的情境。
- 鼓勵「是否需要變革？」的討論。
- 溝通並且引導成員去思考不改變可能造成的結果。

這個步驟的重點在於讓組織成員理解「我們需要改變」，並且獲得對於變革的意願，而這正是化解抗拒改變的重要一步。

▌步驟二：建立具代表性的變革推動團隊

變革推動團隊的建立是創造急迫感後的重要一步，而他們的任務則是推動和引領變革的進行。常見的推動團隊往往是由組織裡的中高階管理人員來進行，這樣的做法並無不可，但必須注意的是每位中高階管理人員也都有日常的工作，而他們的主要職能或任務不必然和變革目標有直接且深刻的關係（雖然變革最終會對組織成員造成影響）。這樣的情況可能會造成變革的推動的成效受到影響，甚至是拖延。此外，為了讓變革更加地滲透到組織的各個層級與角落，推動團隊成員的多樣性將會是左右變革成效的重要因素。因此，在建立變革推動團隊的時候，應該把握以下原則：

● 募集對變革急迫感有深刻認同的成員。

● 納入組織內不同職能且影響他人的成員，比方說擁有關鍵資源的成員或具有領袖魅力的成員。

● 讓推動團隊成員對變革做出承諾並且保持一致。

● 鼓勵推動團隊成員透過不同形式持續地影響組織其他成員。

當推動團隊建立完成後，必須讓成員能夠緊密合作並且時常交流，以便讓團隊之間的資訊一致。在變革的一開始，組織成員對於變革的認同度或許仍有不同，但總會有相對關心變革並且願意採取行動的成員，領導者應該保持開放心態去觀察和促進推動團隊的建立，並且適時地提供成員需要的協助，例如領導技巧等等。此外，領導者也需要關心推動團隊的心理安全感，因為對組織和彼此信任感低落的團隊將永遠只有樂觀的成果回報，這對於推動變革來說將成為最大的風險。

▎步驟三：形塑願景和變革提案

明確且可期待的願景對於身處變革中的成員來說就像一座燈塔，指引他們最終的去處和對未來的想像，並且為參與者提供熱情的來源，所以好的願景對於變革來說相當重要，而變革提案則是讓參與者得以想像要如何前往未來的方法。

當我們在形塑願景時，應該保持願景既清晰且簡短，並且能引起參與成員的注意和興趣。常見的變革推行往往會快速地切入要做哪些事情、預算和預期結果，但卻忽略了清楚地描述結果和任務與變革需求之間的關係，更多的是預算與資源的安排和限制。預算和資源的安排與限制無疑是重要的，然而再多的預算和無限的資源，沒了參與者的熱情和參與心，都會變成浪費。

比方說，當前環境永續議題高升的情況下，某製造業組織正遭遇目標市場對於永續的要求和原物料成本高升的問題，公司不得不為此採取行動，以便確保公司的經營和未來發展。此時，該公司在傳達此一焦慮並且尋求認同後，可以將願景設定為「成為同業中友善環境的製造領先者」。此外，當形塑願景的描述時，也應該充分聽取來自變革推動團隊的回饋，因為他們代表了來自組織各層面的聲音。讓願景覆蓋組織不同層面的顧慮，會讓願景更加有吸引力。

簡短有力的願景除了搭配故事性的敘述來讓大家接納之外，尚需進一步將願景具體化為一份可達成（至少是可以想像的）的目標清單，以便讓組織成員了解「我們是做得到的」，而這正是變革提案中連接目的到開始將變革落地中最重要的一部分。

有了願景和如何實施的策略性目標後，便可以開始著手規劃如何落地，並且最終也把預算和資源考慮進去，以便確保變革的可執行性。當然在這個過程中，請務必持續和組織成員溝通與傳達變革的進展和未來的樣貌，來讓組織成員能夠延續被挑動的急迫感和參與的熱情。

▎步驟四：溝通並且吸納更多人參與變革

當一切準備就緒，接著將是落實變革計畫。此時，不管是領導者或是變革推動團隊，需要謹記在心的是變革永遠是所有人的事情。讓更多人以更多不同的形式參與並且發表自己的意見是相當重要的。比方說，允許組織成員為策略性目標或具體的主題組成社群或自願性團隊來討論並且陳述和彙整意見等。這樣的做法能幫助組織成員凝聚在變革議題上。為了閃躲衝突而避免討論，只會讓這些不滿的情緒藏在看不見的地方，進而使得抵抗行為發生。

此外，領導者或變革推動者也必須以透明且誠信的方式，將變革的進展傳達給組織的每位成員，並且以開放心態與成員溝通。這樣的做法可以協助組織成員了解當前的狀態，減緩不確定性並且引導他們思考自己能做些什麼。請勇敢且自信地正視任何的情況所帶來的影響，紙永遠包不住火，迅速地進行溝通往往是處理風險最節約的做法。

▎步驟五：去除阻礙以暢通變革的執行

在 6.3 節介紹推力理論的應用方法中，也提過去除阻礙這個重要步驟。在變革過程中，阻礙呈現的方式很多，而且也會在組織各個層面中出乎意料地出現。這是因為變革永遠是系統性的議題，而阻礙也會隨著變革逐步地滲入組織的各個角落，進而對變革產生妨害。為了能有效率地識別阻礙並且予以解決，組織應該鼓勵和授權成員勇於挑戰現況，並且為這些現況提出建議的改善做法。為了讓這些建議做法為組織發揮最大的效益，變革推動團隊應當基於組織的核心價值為這些創意的建議做法提供護欄。

舉個例子來說，組織希望能夠全面自動化軟體開發的建置流水線。變革推動團隊可能會在評估之後，引入一套完整的工具，並且同時提供相關的培訓機會，以便讓組織所有成員都有能力可以自動化手邊的開發工作。當自動化工具走進每個團隊內的不同開發任務時，由於既有的工具和技術所帶來的限制，可能會使得自

動化工具不僅沒帶來效益還造成困擾。如果團隊為了能夠達成自動化的目的，而暫時忽略一些原先應有的檢驗，又或者反而疊床架屋地在原先做法上疊加新引入的自動化做法。這樣的結果恐怕是任何人都不願意看見，而且可能也是變革推動團隊無法提前預料的狀況。因此，推動團隊應該在導入工具的同時，訂定一些安全性的政策或通報機制，以便讓所有組織成員在面對變革落地的細節時，有正確的應對與決策能力。

此外要特別注意的是我們早已習以為常的日常流程和規則，甚至組織結構。變革所帶來的效益有時會與組織成員的工作職責相衝突，進而引發不安全感。變革推動者應該要及早地識別此類問題，並且在組織結構、人員職責與技能和規則上提供必要的協助和變動。

以前文提到的自動化建置流水線例子來說，自動化建置有時會進一步引發品質系統管理人員的不安，因為自動化往往會與傳統的變更管理流程需求有相左之處。比方說，原先的變更管理流程會要求變更提供者提供變更的檢測文件，而上線的把關者會基於這些檢測文件與結果來判斷是否放行，但施行自動化後，可能會讓檢測文件的形式發生改變，甚至是透過自動化的方式判別檢測結果後，便直接上線。如果沒有重新審視原先流程文件的需求，或者為這些把關者重新定位職責要點，其結果將會引發不安感和流程規則上的衝突。

▍步驟六：創造短期勝利

短期勝利對於變革是否能夠持續下去有著關鍵的影響。它至少能為變革的推行帶來以下好處：

● 向贊助者展示具體的成果，增加贊助者對於變革的信心。

● 讓組織成員越來越了解變革的方向與樣貌。

● 讓組織成員越來越相信變革會成功，從而進一步吸引更多參與者。

對於短期勝利的渴望也正是為什麼當導入 DevOps 時，往往會先著手於工具面的原因之一，畢竟它具體且有實質的成效。

為了能夠有效地創造短期勝利，在規劃變革的時候，要進一步地把變革目標拆解成易於理解且易於執行的小目標。同時為每個小目標建立量化指標，以便能夠從客觀角度來評定是否達成。當小目標被達成時，就該為此慶賀，並且促進成員對該目標達成方式與過程進行交流和討論。更重要的是別忘記將這些小目標緊緊地關聯到原來的大目標上，以便強化組織成員對於原始目標的印象與達成的期待。

▍步驟七：鞏固成果，持續前進

在為短期勝利慶賀的同時，也別因此放鬆了慣性對於變革的影響。如同前面幾個變革模型，科特變革模型也將鞏固變革成果作為模型內的重要一步，來避免得來不易的變革成果因為慣性而消失。為了能夠讓成果被鞏固，並且讓變革的動能可以持續維持，以下提供三個要點：

● 持續擴大和強化新做法到日常的每個操作中。

● 識別並獎勵參與變革而獲得成果的組織成員。

● 持續地評估變革的實施情況，並且務實地進行微調。

在這三個要點中，獎勵尤為重要。畢竟除了尋求短期勝利之外，獎勵不僅是對努力的認可，也是能增進改變的誘因。不過由於對於變革的接受度，組織每個成員狀況都不見得相同，因此在設計獎勵措施的同時，也必須考量組織成員接納變革並且熟悉變革的程度來進行規劃，避免獎勵過度集中，因而降低其他組織成員參與變革的意願。

▌步驟八：將變革制度化並且融入組織文化

最後一個步驟代表原先設定的變革目標和做法已經漸漸被大家接受。此時組織應該思考如何將這些新做法納入公司的政策或者相關規則中，並且持續提供一些支持性的培訓和宣導，讓新做法成為公司的一部分，進而融入文化之中。為了能夠達到這個目的，除了將相關新做法納入公司政策外，還包括了：

● 將變革目標的量化指標納入績效評比。

● 強化組織領導團隊的領導能力，以便持續支持組織成員完全地接納新做法。

● 引導組織成員持續對新做法進行改善。

持續讓所有成員參與其中，並且提供組織層面和領導層面上的支持，才能夠讓改變落地成為日常。

科特變革模型為變革規劃提供了一系列可執行的步驟，並且在兼顧人的同時，也把組織與領導議題考量進來。這讓變革推動者可以從比較策略的層面來著手變革，從而周全了變革計畫。不過，科特變革模型的強處也同時是它的弱處。由於步驟之間有其因果性，然而變革本來就是個複雜過程，所以確實地推進每個步驟其實是相當耗時的過程，而且雖然步驟看似具體，但要落實每個步驟時，仍然得仰賴變革推動團隊透過探索和經驗來構思如何執行該步驟。因此，當我們在了解與運用變革模型的時候，應該同時考量多個模型並且進行整合，以便找出最具有成功率的做法。

6.6 　總結

　　本章介紹了五種變革模型。這五種變革模型分別從心理反應、環境影響、溝通方式、關鍵成果和組織變革的方式來探討如何規劃與進行變革。如同本章一再強調的，模型都有各自的特點，而且變革需要從多個面向來進行考量與規劃，所以最好的做法永遠是採用各個模型的特點再加以組合。

　　如本章開頭所述，任何有別於日常操作的實務做法、工具或是技術，對於組織和團隊來說都是一種改變，導入 DevOps 的任何工具或實務做法也不例外。因此，本章所介紹的變革模型將可以作為面對導入阻礙或抗拒時的參考和思考依據。當然最好是在導入初期便基於這些變革模型來進行規劃，以便降低摩擦並且加快導入的腳步。

　　閱讀完本章後，你是否對常見的變革模型更有概念？試著回答以下問題，順便回顧一下本章內容：

1. 當人面對重大變革時，從驚恐到否認的過程生產力會一路下降，是嗎？

2. 從李文變革模型來看，影響人是否做出改變的兩樣要素是什麼？

3. ADKAR 的各個字母分別代表什麼意思？與李文變革模型的對應為何？

4. 科特變革模型有哪八步呢？

5. 人總能客觀地面對變革，是嗎？若非，推動者又能透過什麼工具來思考改變人對於變革的認知呢？

參考資料

[1] Kübler-Ross, E. On death and dying. New York, NY: Macmillan; 1969.

[2] Ingraham, C. (2017, October 9). What's a Urinal Fly, and What Does It Have to with Winning a Nobel Prize? The Washington Post. https://www.washingtonpost.com/news/wonk/wp/2017/10/09/whats-a-urinal-fly-and-what-does-it-have-to-with-winning-a-nobel-prize/.

[3] Gemba. (n.d.). Lean Enterprise Institute. https://www.lean.org/lexicon-terms/gemba/.

[4] Duncan, R. (1976). The ambidextrous organization: Designing dual structures for innovation. Killman, R. H., L. R. Pondy, and D. Sleven (eds.) The Management of Organization. New York: North Holland. 167-188.

[5] Gene K. Patrick D. John W. Jes H. The DevOps Handbook: How to Create World-Class Agility, Reliability, and Security in Technology Organizations. IT Revolution Press; 2016.

POWERS 持續導入與規模化原則

✑ 前言

當提到導入 DevOps 的時候，你會先想到哪些議題呢？是某個熱門工具？某個軟體開發的最佳實務做法？運用某新技術的系統架構改善？某種提升協作能力的團隊結構改造？還是其他？不管先想到的是哪個議題，隨著導入的過程就會發現上述的議題都將是需要面對的問題，尤其是當你從 DevOps 導入中獲得成果，而進一步想要擴大效益時，這些議題就會上升到你不能忽視的狀態。

那是不是能遇到再討論呢？或是等有問題再說？很多時候會因為沒有看到問題而很難進行討論或是預先想到解決方案，但這和了解事情的全貌並且為可能的風險做準備（至少是心理準備）不衝突。DevOps 的影響會循著產出的價值流向前向後地擴大，並且進一步地影響週遭的人事物，如果在導入的時候對這些可能產生的漣漪掉以輕心，那很可能會遭遇導入阻礙，或是在導入成功時引發更大的問題，比方說維運事故或客服品質下降和衝突等。

POWERS 是一種思考的工具，它可以協助推動者有效地從「達成導入」這個目標，對組織各個角度進行討論，以便獲得事情的全貌，並且意識風險和注意如何讓做法的設計能適合未來進一步擴展。這個思考工具是筆者多年來在面對導入議題時，以治理概念和流程思考方式逐步形成。

本章將以 POWERS 的說明與介紹破題，並且緊接著討論它和 DevOps 三步法、常見變革模型和治理這三者之間的關係，以期讀者能夠開始了解並且掌握這個思考工具。

7.1 什麼是 POWERS？

POWERS 是一種用於觀察和規劃的思考模型，它所包含的每個字母分別代表導入新做法、新工具或新技術時，應該考慮的六大面向（如圖 7-1）。圖 7-1 中間的系統就是想運用 POWERS 進行觀察和規劃的對象，而系統則是代表用來達成某種特定目標的情境、人員、技術、工具、流程和資源的組合體。比方說，某具體雲端服務開發系統代表的是用來滿足某種業務目標並且交付實質產出的所有人事物。

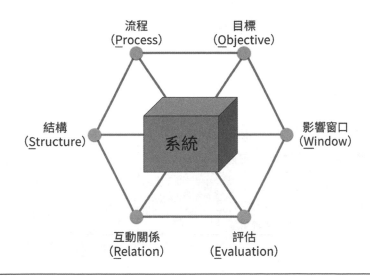

▲ 圖 7-1　POWERS 模型

本書第四章的故事也有提到 POWERS 並做了簡短的介紹，但只說明了各面向所代表的部分意思。接下來，本節將會針對這六大面向代表的意思和關鍵概念，進行更詳細的說明：

流程（Process）

因目標所採用的流程和做法，或因上述流程和做法受到影響的流程和做法。

流程代表一系列用來達成某種目標的步驟性行為。組織為了讓日常任務能夠有效地被達成，並且即便在不同成員執行下都能得到穩定且可預期的產出，會設計和制定許多不同的流程。流程通常至少會有以下要素：

- 流程的目的。
- 流程使用的時機。
- 流程中的步驟。
- 執行流程的角色。
- 輔助的工具。
- 預期所需的資料和產出。

我們可以把流程想像成一台能夠處理某種特定任務的黑盒子，只要提供預設的輸入，便能獲得預期的產出（如圖 7-2）。

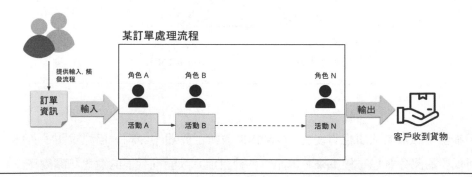

▲ 圖 7-2　流程概念示意圖

　　由於流程具備這種可預期的特性，因此也是一種讓不同職能的成員或團隊彼此之間協作的方式。畢竟，想讓領域完全不一樣的人共同達成某個目標，理想情況下的最好方式就是各自專注領域範圍內的產出，然後沿著流程逐步傳遞。

　　研讀 DevOps 相關書籍或文章時，經常會看見「端到端的價值」。從組織的角度來看，它代表的是從商業目標到使用者需求再到使用者價值的一系列轉換。這肯定無法透過單一流程完成，而是需要一連串環環相扣的流程，甚至是一張錯綜複雜的流程網。因此，從價值的角度來看，對某個流程做出改變也代表正在改變某張流程網。因此，當我們在考量改變對於流程面向的影響時，務必了解改變的流程位於哪張流程網中的哪個位置，並且思考改變會如何影響到整個流程網。若難以掌握或理解整個流程網時，那至少試著以改變的流程為中心把握以下兩個問題：

- 上游、下游或關聯流程有哪些？

- 這些流程和改變的流程之間是如何互動？

　　透過這兩個問題，我們會更加了解當前改變可能帶來的影響漣漪，來進一步規劃需要採取的行動。此外，在流程面向的定義中也將「做法」納入，這是因為考量做法代表完成某項任務或達到某種目標的具體步驟或方法。雖然兩者概念相似，但做法更像是流程中的一部分，而為了讓流程面向能夠考量到更細節的影響，所以才將做法也納入在這個面向上的討論。不過在進行盤點時，流程面向上的列舉只會以流程為單位。換言之，不會獨立討論做法或步驟等細節。若某做法相當關鍵，會將其標示於所屬流程中。

▌目標（Objective）

系統的目的。

做任何事情都會有個目標。如同前一章介紹變革模型時一樣，擁有明確的目標永遠是重要的第一步，也才不會在變革過程中失去方向。

不過在討論導入 DevOps 時，大部分的情況都會以工具或是交付相關的實務做法作為目標。這樣的想法並無不可，但需要注意兩件事情：

先射箭再畫靶

科技新聞、競業表現和技術發展往往會產生強大誘因，讓人開始產生許多聯想，但回到實際場域，推動者應該要去思考這些工具、技術或做法能解決哪些問題、產生哪些成果，以及是否有其他替代方案，再得出屬於自己團隊或組織的目標，才能夠讓這些誘人的事物發揮真正的效果。

相依性

不管是工具或是實務做法往往都會和解決整件事的某個部分有關，比方說，GitLab CI/CD 工具能夠提供自動化交付的能力，但有意義的自動化交付是建設在好的測試和持續整合實務做法之上。若只是專注在工具上，那或許就只能得到速度這個好處，但這個好處也可能只是快一點產出有問題的變更而已，又或者會因為分支、提交和合併等問題造成自動化效益大幅減損。

上述狀況只是點出工具和做法之間的相依性所產生的問題，不過做法和做法之間也會有一樣的狀況。除非團隊早已在其他相依做法有配套措施或成熟度，否則務必思考相依性可能會帶來的問題，而且透過思考相依性也能夠讓我們發現新做法或工具背後的目的，進而找到能夠帶來更大效益的導入目標。

此外，除了讓目標明確外，推動者也應該考慮目標的大小和客觀依據。

大小

當目標越大，所影響的面向就越多，在描述上就越為抽象，而且需要的時間也越長。變革推動者必須意識到耗時的長度和資源的多寡，來進一步縮小目標。推動者可以依面向或業務類別將目標拆解，再透過 MoSCoW 方法來找出各子目標的重要順序，以便把資源花在刀口上。此外，大目標往往不容易被組織成員直觀地理解，有時甚至會認為目標過於高大上，因而輕忽或不願多花心力來了解目標。推動者可以透過以客觀且與關鍵受影響群體高度相關的效益說明來和組織成員溝通。

> 💡 **提示**
>
> MoSCoW 分別代表 Must have（一定要有）、Should have（應該要有）、Could have（可以有）、Won't have（不會有）四種不同類別。

舉例來說，研發部門制定了採用 DevOps 來提升 10% 交付速度的目標。這樣的目標對於組織成員來說可能會是「工作量又要增加了」。若團隊一直苦於驗收品質和臭蟲，而導致時常有重做的狀況，那麼更好的說明方式是透過 DevOps 可以提升品質降低重做機會，進而提升交付速度，並且同時提供相關歷史資料來說明為何可以達成。

客觀依據

客觀依據包含兩個方面。第一是用來說明目標為何重要的根據，而另一個方面則是用來評估目標是否達成的客觀指標。變革有時令人畏懼的並不是改變，而是不知道終點和不知道如何判斷終點。不過，有時會遇到不知該如何定義指標的狀況。

此時，推動者可以從目標背後的問題如何判斷解決，或者是透過質化方式將目標轉換為問題後來取得回饋，並且得出結果。重點在於終點有依據，以及依據是否合理。筆者時常會遇到的狀況往往並不是找不到指標，而是省略了指標的設定，無邊無際地一股腦追求完美，最終導致成員疲乏和資源浪費。不過，關於客觀指標主要會由評估面向來進行討論。

> 📖 **參考**
>
> p.9-19, 9.3 節〈評估落差與進展〉

▌影響窗口（Window）

與目標相關聯的人事時地物邊界（條件）。

就像窗戶有邊有框一樣，不同的目標和做法所產生的影響範圍也會有邊界，而且邊界本身也會對目標或做法產生影響。分析和規劃影響的邊界，主要的用意在於降低風險、調配必要資源和找尋切入機會，因此了解邊界可以：

● 找出變革實施的條件。

● 掌握調適與採取行動的依據。

● 獲得思考風險應對的線索。

比方說團隊計畫引入自動化的 API 測試到既有的自動建置流水線上。由於與自動化建置流水線有關的有專案管理團隊、開發團隊、測試團隊和維運團隊，而除了專案管理團隊之外，其餘團隊均會受到導入自動化 API 測試的影響。此時，這三個團隊便構成了導入自動化 API 測試的影響邊界（窗口），而所有成員皆在影響的範圍之內，接著推動者便能夠思考邊界內的成員會如何限制目標，並且思考對應的措施。

上述的例子是以職能來找尋邊界，而且通常也是最容易察覺的邊界。找出邊界的角度很多，至少包括了：

職能

如前文提過的例子，職能往往是馬上能夠想到的邊界，因為團隊和團隊之間通常會有明確的職能分配。不過這類的邊界有時不是全都單純以團隊作為單位來考量，有時可能會出現具有特別權限或任務的個人成員。

週期

組織內的生產活動雖然是個持續的過程，但通常會有週期性。週期性是一種時間上的邊界，它能夠提供推動者導入的時間點和導入的節奏。DevOps 不僅代表工具的導入，也意味著新的工作方式導入，因此找出適當的時間點和安排不同新做法的導入節奏，是成功落地 DevOps 相當關鍵的一步。比方說，組織的業務部門通常在秋季會開始構思新專案或產品，並且工作量也會稍稍減輕。此時，推動者應該優先考慮需求或協作工具的導入，並且基於導入內容和業務團隊溝通後續的導入目標與專案。

推動者有時會發現完全找不到可以導入的時間點和對應的邊界來安排導入節奏。這種情況可能會對導入成功與否帶來風險，因此推動者應該要意識到這種狀況，並尋求贊助者的支持來協助團隊騰出必要的時間進行導入。若實在找不出任何時間點與週期來導入新做法，那麼推動者可能要思考縮小導入目標、重新對焦新做法和商業效益之間的關係，或者暫時先擱置新做法的導入。

環境

環境可能代表的是服務運算環境或是組織成員的辦公環境。環境在規劃導入時是相對容易界定但不容易如預期改變的因素，尤其是辦公環境。若是以服務運算

環境來說，可能會受到組織安全和營運政策或是資源安排的限制，進而誘發導入風險，而辦公環境則可能受到環境的實物構造的影響。因此，推動者應該及早識別環境對於導入所帶來的影響，並且思考相關的對策。比方說，跨國組織希望導入 DevOps 來提升需求到實現的可追溯性，這可能意味著推動者要面對不同地理區域辦公環境的協作，這代表著推動者需要安排遠距協作的工具和做法。

筆者之前遇過某個跨國公司的人資部門希望能夠導入看板和相關敏捷做法，來對齊全公司人資單位落實敏捷相關政策的進展。最後，該公司讓各區域的人資單位採用各自的看板機制（大多採用簡單的實體白板）和同步會議，並且透過週期性的跨域同步會議來對齊當前目標和任務與風險事項，而這些內容都會同步在共同的電子看板並且附上相關說明文件。此外，該公司也在各人資單位的共同討論後，建立線上的即時討論機制和管道，並且實施調訓和聯合活動來加深跨域團隊之間的默契。

資源

導入 DevOps 或者任何的新做法都會需要資源的挹注，尤其是財務上的支持。資源的挹注來自於贊助者的認同。為了能夠有效地獲得贊助者的支援，推動者需要識別達成目標所需的資源，並且以此來說明目標所能帶來的實際效益。資源的考量點除了常見的人力、技能和財務外，還包含了產品或專案。有時候導入會以新專案的方式進行，有時則會以既有專案作為實現場域。此時，如何選擇既有專案並且和既有專案的利害關係人溝通便相當關鍵。以 DevOps 導入來說，針對既有專案常見的做法是以交付效能來做為第一步，以便產生具體效益並且累積信任感。

評估（Evaluation）

與目標相關的觀察點，用來了解效益、追蹤進展和發現問題。

評估此一面向主要是為了提供系統裡的觀察點和客觀依據，以便了解狀況並且做出適當的調整，所以在這個面向上需要思考三個問題：

需要收集哪些資料？

雖然討論時，通常很容易直接切入指標的討論，但資料收集是一切分析的基礎，而且在沒有任何資料的情況下，也無法得出任何的指標。在前一章所提及的變革模型中也會發現各類模型對於資料的需求，比方說推力理論。此外，資料收集最好趁早規劃進行，因為當人、工具和流程彼此產生慣性後才發現流程缺乏關鍵資料收集的步驟或工具不提供相關資料，而需要替換工具或改變流程，有時會造成更大的混亂與浪費。收集的資料也需要考慮必要性來避免過度收集造成的浪費，同時也需要持續地根據情況進行微調。雖然任何資料收集的規劃都可能會因為後續調整（比方說技術、工具或做法的調整）而發生變動，但為了能夠和贊助者做有效地溝通和掌握進展，規劃要收集的資料仍是必須要做的事項。依照筆者過往的諮詢經驗，大部分的情況都是未考量資料收集的需求，而最終受限於工具，而且通常是在新做法導入一段時間遇到瓶頸而無法解決時，才會發現缺乏關鍵資料來分析。

不過到底有哪些資料可以收集呢？以導入 DevOps 來說，除了一般常見的活動時間戳記以外，建議可以循著軟體開發的生命週期來著手思考，並且把握幾個重點：

- 以各階段瓶頸點為導向。
- 以業務類型為出發點。
- 以可追溯性為目標。

比方說，某個面向消費者並且提供線上數位服務的組織計畫導入 DevOps 來提高組織應對市場的多樣需求和快速變化的能力，而且組織在消化需求和交付速度上有明顯的瓶頸。此時，推動者應該考量收集需求類型和數量的資料、超過一定時間未被滿足的需求類型和數量、需求各階段轉換的時間、需求之間的關聯性、需求和開發任務之間的關聯性資料、臭蟲數量和需求驗收失敗的資料等。第一線的組織成員通常對於哪些是重要資料會有相當務實的建議，推動者可以尋求組織成員的意見或是既有資料來進行規劃。

哪些指標能指出進展或問題？

指標通常是透過對原始資料的運算而得出的數值，它能讓觀察者專注於簡單的數值而非龐大的原始資料，進而能讓觀察者快速了解和掌握現況。通常用於觀察進展或問題的指標多半跟結果與效益及其趨勢有關。比方說，臭蟲率或前置時間等。

這裡提到的前置時間是常用於評估 DevOps 實現效果的指標，也是知名研究組織 DORA[1] 所提出的指標。除了前置時間外，還有其他三個指標也相當實用。分述如下：

- **前置時間**：從提交程式碼到上線的時間。

- **部署頻率**：在固定時間內將變更上線到正式環境的版本數量。

- **服務恢復時間**：服務從故障發生到恢復的時間。

- **變更失敗率**：失敗的變更數量佔整體變更數量的比例。

---

[1] DORA 官方網站：https://dora.dev/research/。

這些指標的重要與受歡迎之處在於四項指標分別代表了速度和穩定兩個面向，而且以最終交付成果為導向的指標也較容易和商業目標連結，進而展現導入的商業價值。不過指標終究是運算後的數值，在運算過程中會將細節去除只留下結果，這會使得背後成因被忽視並且不易為導入過程提供適切的指引，尤其以交付成果為導向的指標更容易造成盲目的指標改善。因此，推動者也應該按照組織情況，建立關於臭蟲、測試、程式碼審查和流水線失效等相關的過程產出的指標，以便作為導入進展和調適的參考。

任何的指標都是為了改善，請務必和組織成員溝通指標的有效性、計算方式和背後根據，並且在改善和推動過程中將指標作為改善和觀察的方式，而非用來找出誰做得不好，否則會導致成員對於組織的不信任感增加，進而造成變革阻力增加。若真有明顯進展落後的狀況時，請到現場（Gemba[1]）了解細節，並且和組織成員尋找調整與改善的方法。

如何根據指標進行調整？

當有了指標，推動者就可以基於導入節奏規劃適合的推動里程碑，但變革的成效不只無法立即獲得，還可能在過程中走偏，甚至是規劃與現實發生落差而使得導入失敗。為了讓變革有效地前進，推動者需要設定標準來識別異常狀況，以便能夠即時掌握風險，並且進行做法上的調整或補救。在 POWERS 裡，關於異常狀況的條件通常會以互動關係裡的行動護欄來呈現。

▌ 互動關係（Relation）

為了實現與保護目標，針對人與人和人與環境之間所建立的機制。

POWERS 裡的互動關係可以用來協助推動者思考在變革過程中如何管理與贊助者、與組織成員和受影響成員與組織政策之間的互動關係和應對措施。在這個面向上有三個要點需要思考：

行動護欄

新實務做法對於組織成員來說，意味著改變、混亂和不確定性，甚至對於推動者來說也無法預料到所有可能的影響，畢竟最佳實務做法和最佳現實做法之間總存在著需要靠創意解決的落差，然而創意有時代表著風險和衝突。因此，為這些可能的不確定性構築護欄可以確保我們在改變的路上不至於跌落山坡。

護欄有兩種類型，分別是：

● **標準做法**

標準做法簡單說就是提供步驟式的做法或具體的規範來讓所有參與的組織成員都按表操課。因為標準做法有明確的產出或執行方式，所以它能夠協助組織成員盡快地走出新實務做法的陌生感與混亂感，並且降低組織成員之間對於如何實現新做法的議題上產生無謂衝突。比方說，提供「統一的需求估算方式」或「標準的每日同步會議準則」，甚至是「所有上線服務都需要通過整合測試」等。由於這種方式有正確答案，所以對於組織成員來說並不難了解和執行。推動者在設計或是引導組織成員建立共同標準做法時，重點在於提供技能培訓、注意沉默者的反應和適時的提醒。

● **統一原則或政策**

正如前文所述，最佳實務做法和最佳現實做法之間總有些落差。即便提供了標準做法，仍然無法覆蓋所有的實際場景。落差主要是來自於環境條件，也可能是來自於未能察覺的問題，然而這些落差對於導入新做法來說，不僅可能會造成導入失敗，甚至會引入一些意外。在導入 DevOps 時，最常見的風險就是自動化流水線交付風險，比方說推動者提供了一套標準的流水線實作範本來協助組織成員能夠快速上手流水線的實現，但有了流水線卻多了未攔截的失敗、未經測試的交付和未經評估的第三方套件等。DevOps 的核心價值並非只是為了加快交付的速度，而是為了可持續地快速交付，但可持續終究

代表組織長期利益可以被維持，所以需要透過統一原則或政策來規範。為什麼說的是統一政策或原則而不是標準做法呢？這是因為原則的抽象度高於政策，而政策的抽象度又高於標準做法（三者關係如圖 7-3）而落差多半是因為現實條件，所以原則和政策便能夠為第一線的組織成員提供足夠的自主性調適空間來守護組織核心價值，畢竟具體的標準做法不見得能適合所有狀況。

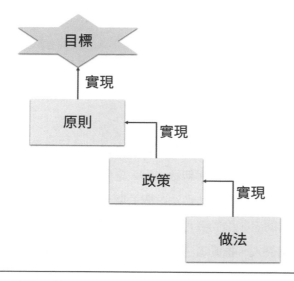

▲ 圖 7-3　原則 vs. 政策 vs. 做法

舉例來說，原則、政策和做法三者的差異，就像組織定義了「保護客戶隱私」的原則，那麼開發單位實現此原則的政策可以是「針對所有客戶資料的處理都必須施加嚴格的保護措施」，而人資單位則因為沒有存取客戶資料的需求，可以將實現該原則的政策定為「不得存取客戶資料」。至於做法，以開發單位來說，開發團隊可以按照各自開發的應用類型不同制定適合自己團隊又能達成政策的做法，比方說「所有程式變更都需要進行安全掃描，確認無客戶資料」。

溝通協定

在導入新做法時，推動者需要尋求贊助者的支持、利害關係人的回饋和組織成員的接納，甚至是讓各團隊能在新做法下有效運作，都需要靠良善的溝通協定。溝通協定的內容包含了：

● 溝通對象。

● 溝通目的。

● 溝通對象的影響力。

● 溝通頻率。

● 溝通方式。

重點在於提供一致的溝通做法，避免引起誤會或疏忽必要的溝通。此處溝通對象的影響力主要是用來評估對象與新做法導入之間的關係強度。為了讓溝通有效率，推動者應該考量溝通對象和新做法之間的關係強弱，來規劃適當的頻率和方式。比方說，對於贊助者，推動者可能會需要規劃週期性的面對面成果報告，而對於感興趣的利害關係人，推動者透過寄送成果報告的摘要，並且告知歡迎參與成果報告即可。

> 📖 **參考**
>
> p.9-25, 9.4 節〈溝通管理〉

期望管理

除了建立適當的溝通協定外，推動者仍需要思考該用什麼方式來妥善地管理期望。變革是為了讓組織變得更好，就如同導入 DevOps 是為了讓組織能夠更快地應對市場並且提升競爭力。不過，有時隨著導入成效浮現，總是會讓人禁不住地

讓原先的小目標變成巨大的目標，甚至是其它和原先目標無關的目標。變化莫測的導入目標會讓組織成員對變革的信任感下降，進而導致混亂甚至是抵抗，所以推動者在與贊助者和組織成員溝通時，應該思考如何運用客觀的資料來佐證現況，而非主觀判斷，而這個概念也切合第六章提到的推力理論。

不過只靠客觀資料仍然是不夠的，如何透過框架來清楚地描繪新做法和導入目標的樣貌、範圍和里程碑也是管理期望的關鍵方式。此外，切莫報喜不報憂。主動告知風險和應對措施是讓變革計畫與報告變得更有說服力的方式。期望管理的關鍵要素，可以歸結成下面三點：

- 清楚且透明。
- 運用佐證，讓證據說話。
- 為風險提供替代方案。

▌ 結構（Structure）

圍繞實現目標的個人或團體職責與靜態關係，以及系統與產出的靜態結構。

組織結構提供了企業運行的基礎框架，也是最大化且穩定發揮各種角色能力的方法。不同的單位有不同的能力、擁有不同的績效指標，並且透過與其它單位的合作來達成一個完整的商業目的。當我們試著導入 DevOps 或任何相關的實務做法時，便意味著原先穩定的分工方式與職責很可能需要改變，而這些改變讓結構面向的議題成了流程、影響窗口和互動關係這些面向在規劃上的限制。此外，分工方式與職責的變化和導入的需要也可能對專案或產品結構和資訊系統結構帶來影響。為了讓新的實務做法落地，推動者在結構面向上有四個需要思考的議題：

職責分工

新的實務做法會帶來職能上的變化，甚至是組織結構上的變化。推動者不只需要根據實際需求來思考原有組織結構是否合適之外，還需要向成員說明變動背後的理由和相關角色分工的細節，以便讓成員了解自身的職責和日後的發展並且避免混亂。

在推動 DevOps 或敏捷時，時常會聽到跨職能學習和各種全端人員，但同時筆者也時常會聽到關於職責是否應該明確定義的疑問。跨職能學習能夠擴展成員的能力來面對更為複雜的情境並且提升成員之間的理解，但這並不意味著職責分工可以模糊。角色的職責定義能夠協助成員遠離混亂，也能避免重要事情或風險被忽略。全扛人才並不是一個可持續的做法，讓成員過度負載只會帶來更大的風險，而這樣的風險往往會在不希望出現的時候出現。

規模化

在推動 DevOps 時，最常聽到「兩塊披薩」（Two pizza）團隊，但同時也會聽到需要讓團隊負責完整的端到端價值，換言之就是商業價值。這兩個論述都是正確的，但同時也是矛盾的。即便只討論產品交付，一個能夠持續創造商業價值的數位服務需要專案人員、維運人員、安全專家、測試人員、開發人員和商業人員等多種不同角色的完整投入才能夠達成。但考量到團隊人數的限制，小型團隊往往難以形成一個完整的團隊，而使得團隊在實現需求時容易因為任務或職能上的依賴而造成等待與延遲。雖說如此，組織往往會透過多個小團隊並各自分配多個小型服務來進行分工，以便橫向擴展 DevOps，進而讓更多人採用新的實務做法，就如本書第五章的故事所述，這類擴展方式稱為水平擴展或水平規模化。

水平規模化並無不可，而且通常也是規模化過程中的必要做法。不過，若只是透過團隊大小和工作負載來進行規劃，將會減損 DevOps 導入帶來的效益。因

此，水平規模化的團隊拆分原則必須是基於可交付的完整商業價值。每個水平拆分的團隊都應該在商業價值交付上各自獨立，以避免無謂的等待，換言之，一個用來水平擴展的團隊人數基準可以超越兩塊披薩團隊的人數，所以一個完整的交付團隊得以垂直地擴張團隊規模，並且按照近期的交付目標來引導大團隊內的成員組成小型團隊來進行交付。這種做法便是所謂的垂直規模化（如圖 7-4）。

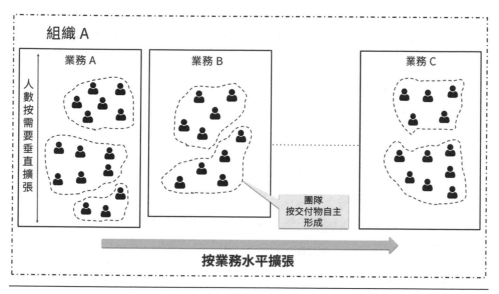

▲ 圖 7-4　水平規模化與垂直規模化

　　DevOps 推動者在構思導入機會時應該以完整的商業價值來進行思考，這不僅符合 DevOps 所強調的端到端價值，也能讓導入活動從垂直擴展出發，然後向水平延伸，最終覆蓋全組織。

雙元性

　　雙元性的概念是由 Duncan[2] 在 1976 年首先提出。它指出一個成功組織應該同時具備「探索」式創新與「深耕」式創新兩種不同的能力。

「探索」式創新能力代表組織能夠在新技術、新產品、新市場或任何新事物中找出新的價值,從而為組織帶來截然不同的新競爭力。而「深耕」式創新代表組織能夠從既有的事物中找尋更有效率的新穎做法,以便提升組織在既有業務上的競爭能力。這兩種創新能力對於組織來說既是必要也是種矛盾,因為探索代表著需要較多的彈性和面對較多的不確性,而深耕則相反地需要較多規範和較為具體且明確的產出和目標。

因此,組織經常會透過成立新專案、建立新的小團隊和提供約束力較低的環境來讓組織成員進行探索,來找出適合組織的新價值和避免過大的風險和矛盾。簡單說就是透過有限的投資來找出新事務服於組織水土和產生價值的方法,並且在成功找出方法後,擴大新團隊或擴大新做法的採用範圍,逐步將新價值落實到組織每個角落。

在導入 DevOps 或相關的實務做法時也是如此。為了能夠讓這些做法最終服於組織的水土並且產生效益。推動者應該思考如何激活組織的雙元性來讓新做法順利地走入組織的同時,也確保日常營運可以穩定進行。關於激活雙元性有以下常見的方式:

● **成立特殊團隊**

如前文說到的,成立一個專屬團隊是常見的做法。這類團隊常常會被指稱是組織內的「A Team」(菁英團隊)或「創新團隊」,但不管是菁英團隊或是創新團隊,最重要的是確保團隊成員的參與意願。每個人面對改變有不同的心態和接受度。組織可以透過宣導、政策和領導風格來讓組織成員心態更為開放,但無法確保或強迫組織成員面對改變時有一樣的想法。因此,在成立特別小團隊時應該注意成員的參與意願,同時需要注意團隊成員的多樣性。多樣性能讓團隊成員在看待新事物時有更多的角度,也能讓最終的做法更接近組織現實的情況。此外,面對改變較為積極的成員往往也是團隊中的意見領袖,所以來自不同背景的成員能夠讓新做法的推廣更加順利。

不過需要特別注意的是，為了能夠讓新團隊有較多空間來發現如何落地新做法，往往有較寬鬆的規範，所以推動者需要注意落地後的做法所帶來的可能風險，比方說無法合於組織的品質系統要求。推動者可以透過設計**行動護欄**來降低風險的發生。

- 促進建立自發性的非制式團隊

    為了讓落地後的新做法能夠逐步地推廣到全組織並且持續改善，以便獲得更好的效率，推動者需要思考如何持續地宣導和介紹新做法。除了提供培訓和制定規範之外，推動者可以促進組織成員之間進行分享，或是由特殊團隊的成員來帶頭進行分享，並且進一步引導和獎勵組織成員建立自發性的興趣小組。興趣小組對於引發好奇心、提高參與度和降低導入摩擦力有很大的幫忙。此外，興趣小組也能夠促進組織學習和持續改善的文化，所以在導入新做法或是希望組織擁有創新與活力時，這類非制式團隊是一種很好的方法。

風險與可持續性

分工、專案或產品和資訊系統的結構能為組織的持續營運帶來穩定。當這些結構需要改變時，將會為穩定性帶來不確定性，進而使得組織的風險提高。因此，當需要調整任一種結構時，務必抱持謹慎的心態評估可能引起的風險，尤其是法規和營運持續相關的問題，並且尋求專家（可能是來自組織內、外部）的建議與參與，為可能的風險思考應變措施和持續評估的機制。此外，務必確保贊助者和利害關係人的支持。唯有取得他們的支持才能改變順利地進行。

不管是特殊團隊或者是興趣小組都需要組織進行投資，尤其是興趣小組。組織的每個成員或許都有意願接受新的做法，並且學習新的技能，但就如李文變革模型所述，組織環境可能會限制他們做出改變。讓組織成員能夠騰出時間，也是推動者需要思考並且尋求贊助者協助之處。

POWERS 能為推動者提供完整的面向來進行思考和規劃新事物的導入。雖然每個面向的關鍵概念或需要特別注意因素看起來相當複雜,但它其實使用上可以相當簡單且直覺。比方說,把握各面向的定義並且把關於該面向且對執行和風險有影響的內容列出或繪出。這種以事情整體性為基礎的思考工具,再與其他變革模型或導入方法進行結合,能夠協助推動者讓規劃變得更完整也更容易成功。接下來的小節將討論 POWERS 與常見導入方法和管理方式之間的關係,以便讓讀者更了解如何運用 POWERS。

7.2 POWERS 與三步工作法（The Three Ways）

DevOps 三步工作法來自 DevOps 經典書籍《DevOps Handbook 中文版｜打造世界級技術組織的實踐指南 [※2]》一書。如果說 POWERS 提供規劃 DevOps 導入的思考面向，那麼三步工作法將會協助你思考如何開始和採用哪些實踐做法。三步工作法分別代表：

暢流思維

▲ 圖 7-5　暢流思維 [3]

暢流思維代表著 DevOps 需要去思考從需求被確認後如何順暢且快速地交付到使用者手上。它意味著我們需要以流程和整體的角度來把需求轉化成產出且進一步產生價值當作成一件事來思考。如此一來，我們才能在類似開發和維運這類職能分工下，破除穀倉思考並且解決工作換手所造成的資訊遺失和無謂等待。為了達到這個原則的要求，常見的著手方式是：

※2　原文書名為《The DevOps Handbook: How to Create World-Class Agility, Reliability, and Security in Technology Organizations》。

- 視覺化有用的資訊，透過提升透明度來維持資訊一致性避免缺漏。

- 透過拆解工作成為更小的單元和識別瓶頸來調整工作流動順暢度，提升交付效率。

- 避免不必要的工作換手，且持續消除流程上的浪費。

回饋循環

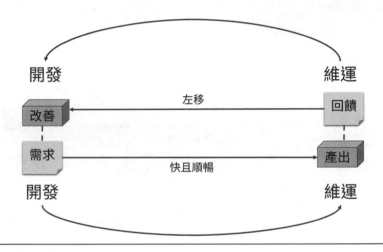

▲ 圖 7-6　回饋循環 [3]

　　不知道回饋就像是閉著眼睛開車，看到油門就踩。回饋簡單來說就像圖 7-6 一樣，從產出端獲得產出的實際運用狀況。比方說，程式實作過程依序是了解需求、撰寫程式碼和提交程式碼。如果我們在撰寫程式時也實作測試，並且在提交時執行測試，便可以在提交這個關卡獲得前一關卡產出（程式碼）的實際狀況，也就可以及早知道錯誤並且做出改正。把握回饋循環有兩個重點：

- 每一步都踏實。為流程每一個步驟都建立確保機制。

- 關注下一步。以流程下一步驟為視角，尋求實際產出狀況。

持續試驗與學習

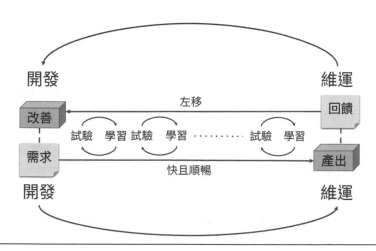

▲ 圖 7-7　持續試驗與學習 [3]

　　前兩個原則讓需求能夠快又有效地被交付，但如果想要持續地確保產出流程的成效和競爭力，必須透過組織和團隊持續地改善和創新。這個原則便是為此而存在。想要滿足這個原則，需要依賴組織的支持和成員心態上培養。比方說，注重心理安全、提高工作環境和產出系統的容錯能力、將流程制度化、良善的知識管理與分享文化和培養成員的系統性思維等。

　　雖然三步工作法乍看之下就像達成 DevOps 的三個循序步驟，對於從無到有的團隊或組織來說的確可以這樣看待，但從原文的角度來看，作者使用的並非是 Step（步驟）這個單字，而是使用 Way（方法、方向和途逕），這意味著三步工作法更像是三種指導原則，來告訴 DevOps 實踐者可以根據這三個原則來思考如何進行或持續改善 DevOps。

　　換言之，如果還沒嘗試過 DevOps，三步工作法能指引你如何開始，而已經擁抱 DevOps 的團隊或組織，依然能夠根據三步工作法來持續找出讓軟體交付活動變得更好的方式。

因此,要如何將 POWERS 運用在三步工作法呢?可以從文件化和改善兩件事來討論:

▌文件化

開展三步工作法的首要步驟是繪出當前團隊的價值流,然後再根據價值流圖上的資訊來思考相關的新做法。這個時候 POWERS 能夠作為記錄工具來盤點價值流上每個關卡的細節,並且作為繪製價值流圖的基礎資訊(如表 7-1)。POWERS 不僅代表以事為中心的六個面向,同時也借重流程所能帶來的系統性角度,所以構成面向也能思考為描述流程的六大要素,因此用來作為盤點價值流上的資訊是相當直觀的一種用法。使用上可以把收集到的資訊依面向關聯性進行分類即可,但有兩個面向應該多加注意:

影響窗口

影響窗口可以是人,也可以是執行資源所構築的運行環境。在盤點價值流的關卡時,務必在此面向上思考對該關卡的影響者,尤其是直接影響者,比方說把關者。依照所盤點的層級不同,把關者可以是組織特定人員或是特定團隊和單位。此外,若是該關卡與運行資源有關,也應該對資源的類型與提供方式等相關資訊進行收集與描述。有時可能還會因此注意到流程上被忽略的分支關卡,比方說 IP 與防火牆設定申請。透過對影響窗口的盤點可以盡量周全後續價值流分析所要的資料。

互動關係

互動關係面向最重要的是人與人、人與團隊和團隊與團隊的可預期行為和溝通方式,甚至包括個人的行為,前一節的內容就有特別提到行動護欄。在盤點流程

上的關卡時，特別需要注意組織或團隊的統一政策，這些政策很多時候來自標準，比方說 ISO27001 或 ITIL 等。不管是新導入或改善既有流程關卡，標準的需求都是不可動搖的，但實際做法則有解釋空間。盤點時除了將目前的規範記錄下來以外，也應該記錄該規範所根據的標準，以利後續改善時的參考。此外，若此關卡與服務上線有關，則互動關係應該包含監測通知方式與機制，這樣才能夠讓盤點更加完整。

　　礙於篇幅，表 7-1 並不是一份完整的價值流關卡的盤點，只列出變更審查和部署上線，主要是為了展示上述的說明。這兩步驟通常也是開發流程中關鍵之處，同時也是 Dev 和 Ops 之間最容易發生價值衝突之處。

▼ 表 7-1　運用 POWERS 盤點價值流範例

Process（流程）	Objective（目標）	Window（影響窗口）	Evaluate（評估）	Relation（互動關係）	Structure（結構）
❖變更上線	❖ 變更品質合乎需求與標準 ❖ 服務上線且穩定運行	❖ 人員：開發人員、測試人員、維運人員、產品或專案管理人員 ❖ 環境：開發環境、測試環境、正式環境 ❖ 周期：一週一次	❖ 服務中斷達成率 ➤ 上線停止服務不超過 0.5 小時，視為達成 ❖ 服務有效恢復率 ➤ 上線失敗恢復時間少於 10 分鐘，視為有效	❖ 符合組織安全政策（上線安全檢核原則_v1）	❖ 事業單位 ➤ 產品或專案組合管理團隊 ❖ 研發中心 ➤ 開發團隊 ➤ 維運團隊 ➤ 測試團隊
❖變更審查	❖ 變更內容符合需求 ❖ 變更合併進入程式庫	❖ 人員：開發人員、測試人員	❖ 審查失敗次數 ❖ 錯誤逃逸次數	❖ 單元測試覆蓋率達 80% ❖ 通過整合測試 ❖ 通過靜態安全檢查 ❖ 通過功能測試 ❖ 通過負載測試	❖ 研發中心 ➤ 開發團隊 ➤ 測試團隊
❖部署上線	❖ 上線零失誤 ❖ 服務穩定運行	❖ 人員：開發人員、維運人員、產品或專案管理人員	❖ 上線處理時間 ❖ 上線失敗次數 ❖ 失敗恢復時間	❖ 通過健全性測試 ❖ 符合監控指標檢查表	❖ 事業單位 ➤ 產品或專案組合管理團隊 ❖ 研發中心 ➤ 開發團隊 ➤ 維運團隊

　　實務上，價值流上的每個關卡都有可能產生一些分支的關卡，所以在繪製 POWERS 表格時，有個技巧是將主情節的關卡由上往下依序列出，並且將分支

出去的關卡列在主情節關卡之下，並且在欄位上作出標記（例如用色塊區分）來協助閱讀。如表 7-1 左側的變更審查和部署上線是變更上線的子流程。

改善

三步工作法代表運用 DevOps 的三種原則。如前文所述，我們可以運用它們來為所規劃的流程進一步找到其他可以採用的做法或改善的方式，以便讓團隊和組織的做法越來越貼近 DevOps 的核心價值。在這種情境下，推動者能夠以欲改善的流程為基礎，然後基於 POWERS 的六面向來思考能為這些原則做哪些事。

假設原來的變更部署需要透過上線工單，而且如果有新資源或網路規則的異動時，這些新資源或異動的工單需要提早申請。此外，即便上線工單送出，也需要 2~3 天的會議討論和確認後，才會在每兩週一次的上線時間點，進行上線的動作。推動者經過分析後，認為變更部署的流程是整個交付流程的最大卡點而希望找出改善方式時，他便可以運用 POWERS 來針對三步工作法設定改善目標，並且發想如何透過其他五個面向來發想如何達到目標（如表 7-2）。

▼ 表 7-2　運用 POWERS 與三步法發想改善點

	Process（流程）	Objective（目標）	Window（影響窗口）	Evaluate（評估）	Relation（互動關係）	Structure（結構）
暢通流程	❖ 將原先手動上線改成自動化	❖ 縮短上線的處理時間	❖ 開發人員在需求分析時，就找維運人員來確定相關基礎設施需求	❖ 增加對上線前置時間的評估 ❖ 增加對上線觸理時間的評估	❖ 健全性測試改為自動，且接上監控	N/A
及早回饋	❖ N/A	❖ 強化測試和監控，提早發現上線問題	❖ N/A	❖ 上線錯誤提早發現數量	❖ 增加服務接口的狀態探針(Probe)，且接上監控 ❖ 進行上線腳本測試	❖ 每月舉辦開發和維運的輕鬆技術交流會
持續試驗與學習	❖ 運算資源與網路規則申請自動化	❖ 促進團隊持續提升部署效率	❖ 增加沙盒運算環境	❖ 上線失敗率	❖ 獎勵部署變更效率	❖ 非強制性技術社群

在發想改善點的時候，可以透過如腦力激盪或設計思維的方式來進行。若沒有相關改善之處時，暫時擱置也是種方式（如表 7-2 的方式在格子上進行標記）。此外，發想過程中若發現激盪出來的點子可能會造成不好影響時，可以回頭修改先前發想的點子或是補上應對措施。比方說在持續試驗與學習的互動關係面向上，可能想要嘗試獎勵部署效率來激發工程團隊對於部署變更效率變好的期待度，但只是講求速度卻可能對服務穩定度帶來影響。此時，可以在強化上線失敗率的監測以及增加沙盒運算環境來讓有心追求效率的工程師可以進行實驗，來提高因為單純追求速率而產生的問題。

當發想完後，最重要的並不是馬上動手，而是思考改善是否引發風險以及是否需要安排重要性並且分階段進行。有時候改善是好意，但好意變壞事就顯得有點不值得了。關於風險相關的發想與應對措施，推動者可以直接在三步法的下方新增一列來討論（如表 7-3）或直接改善點的下方進行條列與說明（如表 7-4）。

▼ 表 7-3　風險與應對措施 (新增列)

		Process （流程）
暢通流程	影響	◆ 將原先手動上線改成自動化
	風險與應對措施	◆ IaC 技術過於陌生自動化可能帶來抗拒和失敗 　➢ 提供培訓、測試環境並且先從較簡單的系統進行
及早回饋	影響	◆ N/A
	風險與應對措施	
持續試驗與學習	影響	◆ 自動化運算資源與網路規則的申請
	風險與應對措施	◆ 原先基礎設施採用技術可能無法自動化 　➢ 先盤點目前使用的技術，並且考慮半自動或其他改善方式

▼ 表 7-4　風險與應對措施（不新增列）

	Process （流程）
暢通流程	◆ 將原先手動上線改成自動化 　➢ 風險 　　■ IaC 技術過於陌生自動化可能帶來抗拒和失敗 　➢ 應對措施 　　■ 提供培訓、測試環境並且先從較簡單的系統進行
及早回饋	◆ N/A
持續試驗與學習	◆ 運算資源與網路規則申請自動化 　➢ 風險 　　■ 原先基礎設施採用技術可能無法自動化 　➢ 應對措施 　　■ 先盤點目前使用的技術，並且考慮半自動或其他改善方式

三步工作法對於如何著手導入和持續改善 DevOps 提供了思考上的指引。不過，如何領導組織進行 DevOps 轉型或導入，雖然該書也提供了一些看法和許多值得學習的最佳實務做法，但落地 DevOps 需要更多情境上的考量，尤其是如何讓自己或引導團隊開始思考落地的問題，這部分便是 POWERS 能夠提供幫忙之處。

7.3　POWERS 與常見變革模型

如同第六章所述，有相當多的模型被提出來協助組織成功地進行變革。本節只會就第六章所提到的常見變革模型作為討論範圍來解釋 POWERS 與變革模型之間的潛在結合做法。變革模型有著各自的優劣勢，而且變革本身的複雜性也相當的高，所以變革模型之間或是變革模型與 POWERS 之間都能透過結合來讓變革規劃變得更加完善且更容易成功。

第六章所提到的變革做法有五種，基本上都是圍繞著人或是組織來討論如何解決抗拒改變的問題並且推進變革目標。不過 POWERS 的用途在於提供推動者針對系統或事的完善視角，以便讓變革目標能夠轉換為有效的做法並且融入組織的日常營運，進而持續產生效益。因此，在使用上可以把變革模型帶入 POWERS 來協助自己找出變革過程中的亂流與因應之道，也能夠把 POWERS 帶入變革模型來協助自己在變革模型的各個階段或面向上更加完整與具體。

接下來，我們將就這兩種情境來說明如何整合 POWERS 和變革模型。

▍運用變革模型於 POWERS 規劃

運用 POWERS 來規劃導入目標是相當直觀的選擇。對於熟悉 DevOps 概念與各種實務做法的推動者來說，找出每個面向該做哪些事可能也不會太難，但對於參與者來說，相關的知識與經驗和推動者相比卻不對等。若再加上價值觀不同，推動導入就會變得相當棘手。因此，推動者在規劃導入所謂「正確」的事情時，應該包含對人的考量。

POWERS 雖然以事為導向，但採取的角度是流程和系統的角度，也因為如此，在思考 POWERS 的各個面向時，也應該把系統內的人包含進來，才能讓整

個規劃更完整,且導入的摩擦也會較低。為了達到這個目的,可以採取以下三個步驟:

識別阻礙與助力

李文變革模型指出人之所以無法做出改變,主要原因來自於所在場域的束縛。當助力和阻力達成平衡時會構成現狀並且帶來穩定。推動者希望導入新做法時,需要改變這個平衡,以便引導團隊往新的現狀前進。

在使用 POWERS 時,會比較當前做法和期待做法的落差來找出必須採取的行動。這些行動多半會根據組織要求和期待做法的需要來進行規劃,但推動者也能透過力場分析來找出關鍵的因素,並且根據這些因素採取額外的行動或是修改原先必要的行動,以便讓參與者更容易接受新做法。

▼ 表 7-5　導入親和估算的影響

Process (流程)	Objective (目標)	Window (影響窗口)	Evaluate (評估)	Relation (互動關係)	Structure (結構)
◆需求分析 　➤調整故事描述要件 　➤採用親和估算量化故事	◆導入親和估算的方法,以便掌握需求大小和迭代能處理的需求數量	◆人員 　➤產品經理 　➤開發人員 ◆週期 　➤迭代中期進行	◆迭代內完成的需求數量與預期數量的差值 ◆需求錯估次數	◆對齊產品經理對需求估算結果的期待 　➤估算帶來的效益 　➤迭代需求數量的安排方式	◆N/A

比方說,某開發團隊採用迭代的方式來進行需求的開發,但一直無法掌握迭代內可處理的需求數量,而導致團隊時常無法妥善地安排迭代內的任務。開發團隊希望能夠對需求大小有更好的共識與客觀地評估方式,所以希望導入親和估算的做法。開發團隊回顧了目前的做法後,便運用 POWERS 找出了必要的影響(如表 7-5)。除此之外,開發團隊也期望推動能順利進行,所以針對此次導入做了力場分析(結果如圖 7-8)。

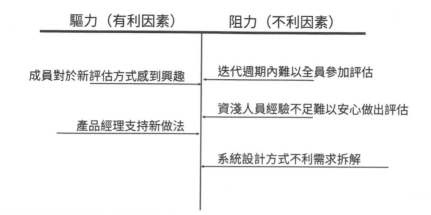

驅力（有利因素）　　　阻力（不利因素）

成員對於新評估方式感到興趣 ────→ 迭代週期內難以全員參加評估

　　　　　　　　　　　　　　　　資淺人員經驗不足難以安心做出評估

產品經理支持新做法 ────→

　　　　　　　　　　　　　　　　系統設計方式不利需求拆解

▲ 圖 7-8　導入親和估算的力場分析

　　開發團隊從力場分析中發現目前導入驅力不足以抗衡阻力，尤其是系統設計方式對於需求拆解有關鍵的影響。因此，開發團隊針對這些阻力進行腦力激盪來尋求減緩或消除阻力，並且把這些因素合併到 POWERS 表格中（如表 7-6）。開發團隊調整了參與估算的人員，並且開始著手處理架構設計上的耦合問題和調整新做法的導入時間，以便降低阻力讓新做法可以順利地導入團隊內。

▼ 表 7-6　導入親和估算的影響 (含消除阻力的行動)

Process （流程）	Objective （目標）	Window （影響窗口）	Evaluate （評估）	Relation （互動關係）	Structure （結構）
❖需求分析 ➤ 調整故事描述要件 ➤ 採用親和估算量化故事	❖ 導入親和估算的方法，以便掌握需求大小和迭代能處理的需求數量	❖ 人員 　➤ 產品經理 　➤ 開發人員 　■ 半數開發人員參與，需要確保參與人員同時包含資深與資淺人員 ❖ 時間週期 　➤ 迭代中期進行 ❖ 架構改善預估需要 2~3 次迭代，親和估算會先試進行。改善後，便會正式使用	❖ 迭代內完成的需求數量與預期數量的差值 ❖ 需求錯估次數	❖ 對齊產品經理對需求估算結果的期待 　➤ 估算帶來的效益 　➤ 迭代需求數量的安排方式	❖ 重新審視系統架構，降低模組間的過度依賴

將阻力轉換為推力

規劃的行動有時無法順利推展，或經過力場分析後，發現有些阻力過大。推動者能夠進一步的運用推力理論來化解阻力以筆者的經驗來說，推力理論的關鍵在於以參與者的角度來思考，並且把握三個要點：

● 利害相關。

● 易於理解。

● 便於執行。

這三點尤以最後兩點最為重要。通常推動者對於推動的目標有較充足的理解和知識，這有時反而容易造成規劃上的誤區，因為推動者可能很直觀地認為別人也知道，但事實多半是不知道或只知道一半。未知的東西最可怕，也最容易放大或扭曲對於利害關係的解讀。若能讓推動的內容易於理解，將對改變有很大幫助，至於便於執行就更不用說了。不過要特別要注意的是便於執行所指對象是參與者。因此，考量上述三點，推動者在反思或規劃 POWERS 上的阻力時，可以在互動關係、評估和結構三個面向上來著力，並且在規劃時考慮：

● 非制式且包含多元參與者的體驗型工作坊。

● 設計觀察指標來作為推行成效的判斷依據。

● 提供可試驗環境。

● 獎勵措施。

● 提供回饋機制。

在執行過程中，保持耐心觀察推動指標與改善情況（最好在執行前設定閾值來作為觸發條件），並且在適當時機根據收集的資料和參與者的回饋來為 POWERS 的規劃內容做出調整（在不背離目標情況下）。

　　舉例來說，一個組織希望導入自動化流水線，但由於成員大多專注在開發相關的技術和任務。此外，雖然有提供培訓，但並非人人可以參加。通常只有各團隊代表和特定單位人員參與，然後再透過內部分享。在自動化流水線建立後，上線是快了，但救火的時間也多了，這使得各團隊堅持使用原來方法。在分析問題和各團隊的回饋後發現雖然有設計行動護欄，但各團隊實施狀況不一而導致護欄失效，而團隊也一直對新技術工具的把握度不高，導致流水線上的關卡實作有誤或未能實作出來。基於這個發現，推動者修改了原先的規劃，加上了預設的流水線關卡和範本、擴大培訓範圍和舉辦流水線技術活動，並且提供資源與獎勵措施，比方說競賽和技術交流聚會等。透過這些方式來提高組織成員對於技術的興趣和參與度，並且讓流水線易於導入。

預防最壞情況

　　根據變革曲線，推動者可以知道參與者在面對改變時可能發生的情緒變化，推動者除了需要在互動關係層面上做足準備外，也需要提早思考團隊低氣壓帶來的低生產力和流動問題。由於團隊陷入憤怒、討價還價和沮喪三個階段時會出現生產力和工作滿意度明顯下降的狀況。因此，推動者應該透過影響窗口來限制導入變革的衝擊，比方說選擇新專案或是工作量相對較低的週期，並且針對生產力和滿意度來設計評估指標和閾值，來持續追蹤團隊狀況並且針對閾值觸發時可能產生的問題設想應對措施。推動者可以在 POWERS 表格添加風險與應對措施來進行規劃，如 7-29 頁的表 7-3 或表 7-4。

▌運用 POWERS 於變革模型規劃

　　POWERS 可以用來幫助推動者規劃變革模型中每個階段裡應該達成的目標和需要進行的改變或關鍵活動。比方說，推動者想要運用 ADKAR 來推動變革，那麼他可以運用 POWERS 的表格，並且先針對變革模型中每個階段目標來發想實

際目標，接著再逐步根據其他五個面向來思考應該採取的改變或行動，如圖 7-9 的說明。

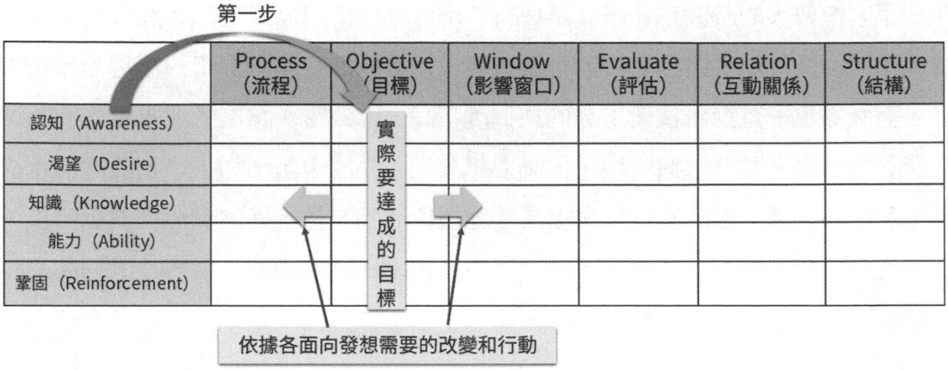

第一步	Process（流程）	Objective（目標）	Window（影響窗口）	Evaluate（評估）	Relation（互動關係）	Structure（結構）
認知（Awareness）						
渴望（Desire）		實際要達成的目標				
知識（Knowledge）						
能力（Ability）						
鞏固（Reinforcement）						

依據各面向發想需要的改變和行動

▲ 圖 7-9 運用 POWERS 思考 ADKAR

運用變革模型的時候務必注意各模型對於每個階段的指引。POWERS 的作用在於協助推動者透過系統性的角度來實現變革模型的指引，所以推動者應該在各面向上思考需要採取的行動。

推動者應該藉由 POWERS 各個面向來思考其他變革模型在各階段上的建議和要點。此外，在各面向上的考量應著重在如何促進，而非只專注在影響層面。畢竟 POWERS 作為輔助工具只是為了讓變革推動更加周全。整體來說來說，還是需要根據各變革模型的原則來進行和安排。

如本節開頭所述，不同的變革模型透過不同的視角來詮釋變革導入的方法，所以模型之間往往各有所長。身為推動者應當有廣泛的視角和做法來因應導入時可能出現的阻礙。只是「正確」往往在推動變革時是不夠用的，因為正確與否牽涉太多觀點與立場。

7.4 POWERS 與治理

當提到治理時，大多數人的第一直覺就是「好嚴肅」或「這應該不干我的事」。治理之所以會讓人感到嚴肅，可能是因為治理的討論總會伴隨著政策、指標、高階管理人員和組織結構等等議題，相對於專注執行和操作的一般組織成員來說，感覺就不像是我們需要在意的事情，而且即便是高階管理人員在面對這些議題時，也可能會不禁眉頭深鎖，但即便如此，治理對於組織是否能夠有效達成商業目標並且正常營運有很大的影響，而這些影響也會滲透到每個組織成員身上，比方說績效指標。

雖說治理相當重要，但治理背後的概念和想達成的目標卻是相當直觀而簡單，而實際上不同層級的組織成員可能每天也都在運用治理的機制來推動與完成自己的工作。大家可以試想如果自己打算達成某個還不是太熟悉的商業目標，這個時候你會打算怎麼做？根據敏捷和精實的原則，我們可能會推出試作品來測試市場的反應，並且根據設計的指標（結果）來了解是否可行。簡單說就是我們會採取行動，但並不會知道哪裡個行動是最好的解答，只有結果才能告訴我們哪個做法是有效的。試驗過程當然難免有錯，這時候又該怎麼處理呢？「風險管理」和「標準做法」看起來是個很好的應對方式。簡單說就是制定一些原則和 SOP 來避免踩已經知道的雷。讓我們稍微摘要一下剛剛討論內容的要點：

- 有個商業目標。
- 透過嘗試的結果了解是否可行。
- 制定原則。
- 設計標準流程。

　　當然若團隊人數進一步擴大，我們就會按照各自的專業來進行分工並且根據分工領域拆解目標，以試圖更有效率地達成目的，而各個團隊又會基於拆解後的目標，進行和前文相似的行為，至於相似度端看目標的不確定性的程度。

　　這些直觀的做法其實就是治理背後的基礎概念。治理在面對繁雜（Complicated）甚至是複雜（Complex）的目標時特別有效，因為這個時候事情變得不容易釐清，而且可能相對明確的大概只有目標，所以只能提供原則性的方式以及透過反覆追蹤結果來確定做法。這也就是為什麼大家經常會認為治理關乎高層管理者，因為組織經營對齊的是經營目標，而面對的則是市場。目標是明確，但市場不確定性總是高，再加上眾多組織成員的多元性所帶來的複雜度，大概也只剩下治理方法才能夠有效驅動整個組織往同個方向前進。

> 📖 **參考**
>
> p.9-11, 9.2 節〈根據 Cynefin 調整決策模式〉

　　近年來數位技術的進步速度和 DevOps 生態系的工具多樣性，使得市場和組織內的不確定性變高，進而期望透過自主性團隊來讓組織可以更快地應對各種變化，也就是將原先透過逐層降低不確定性的階層式組織，轉變為透過切割複雜度和圍限風險來讓自主性團隊負責獨立目標的方式（通常是商業目標或與商業目標直接關聯的目標）。這也代表著一個自主性的團隊必須對於治理有正確的理解，而且也具備足夠的授權空間來做出決策。因此，當規劃 DevOps 導入時，必須將治理議題納入討論，以避免團隊自主性難以萌芽或是因為既有的治理政策導致 DevOps 難以落實與取得效益。

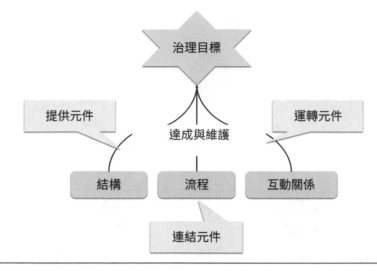

▲ 圖 7-10　治理與三要素

　　因此，POWERS 的六面向也包括了治理的三大要素，分別是流程、互動關係和結構（如圖 7-10）。實務上，互動關係和結構扮演著相當關鍵的角色，但時常未能夠和 DevOps 導入活動緊密配合，而造成導入的阻礙。

　　在 7.1 節中，關於互動關係要點的討論有提到行動護欄的概念，而這個概念對於消除阻礙有相當大的幫助。行動護欄會因為標準做法、原則和政策各有不同的抽象程度而得以提供足夠的空間，來讓護欄範圍內的不同領域能夠進行調適，從而提升應變能力。推動者應該要意識到這些抽象程度的差異和最終導入變革的範圍、組織層級和複雜度來設計不同鬆緊度的行動護欄，以便讓導入規劃合於規模化的需要。當調整行動護欄的鬆緊度時，簡單說就是代表希望授權團隊來進行決策，而這種做法可以幫助提高自主性和維持成員對於組織價值有一致性理解，但組織仍然需要管控授權的風險、目標實現的情況和根據實際狀況來調整原先的規劃。

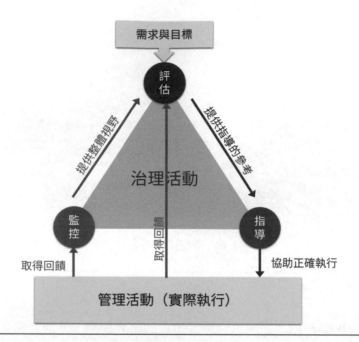

▲ 圖 7-11　治理活動

　　推動者可以借用 COBIT[3] 治理活動的概念來思考 POWERS 互動關係面向的行動護欄與評估面向的觀察點來管理整個導入的規劃，以便確保最終導入目標被順利達成。COBIT 的治理活動實際上包含了五個重要的實務做法，本節只會就 POWERS 運用的角度來說明三種重要的治理活動（如圖 7-11）：

▌評估（Evaluate）

　　以治理的角度來思考評估活動，它代表了解組織內外的需求和實際情況來確保目標的達成。若以指標的角度來看，評估活動不外乎包括了對目標達成度、實現

※3　官方資源網站：https://www.isaca.org/resources/cobit。

方法的有效度、風險程度、成本狀況和持續改善狀況的掌握，而以 POWERS 來說，評估面向著重於透過指標和評估方式的建立來了解效益、追蹤進展和發現問題。這兩者剛好在此處重疊。雖然在 7.1 節的討論專注在目標達成這個議題上，而非實現方法的有效度，這只是因為方法有效度的衡量往往不容易，面對不確定性更多時候必須從衡量結果來思考效度，而至於風險、成本和持續改善等議題，建議以組織的需求來設計關於風險和成本上的指標，而持續改善則以實質的行動規劃來進行即可。畢竟改善最終會以成果的方式呈現。過度的評估改善行為與效度可能會減損成員的心理安全。

▌ 指導（Direct）

指導活動涉及了決策和實現方法的調整。換言之，推動者或各團隊的領導者必須根據評估面向上的結果和行動護欄的規則，來直接或協調成員調整 POWERS 內容和對應的實現方法，以便穩定且安全地實現最終的導入目標。

▌ 監控（Monitor）

監控活動的重點，是確保實現方式和相關的風險程度在任何時候都處於可接受的範圍，所以就 POWERS 的角度來看，這個活動關乎指標的閾值，而這恰好會和行動護欄的設計重疊。推動者在思考評估面向和行動護欄時，應該同時思考評估活動的頻率和獲取結果的方法以及風險的觸發條件。同樣地，推動者應該思考參與成員的心理安全狀態。雖說監控活動是為了確保規劃在期待的軌道上，但本質仍是改善，推動者在落實監控活動之時也應該強化領導者的溝通能力和了解成員對於變革的認同程度，才能讓監控成為助力而非阻力。

管理是為了確保團隊成員把事情做對，而治理則是讓團隊成員可以因應需要去做對的事情。在導入 DevOps 並討論組織敏捷性的同時，也需要運用 POWERS

上的治理元素來設計出彈性空間，讓組織成員有空間能夠按照實際情況做出正確的決策並且進行調整。此外在結構面向上，推動者也需要和考量行動護欄一樣，在了解導入改變的範圍、層級和複雜度後，關注既有結構和分工可能帶來的溝通問題，並且及早尋求贊助者的協助和充分運用組織雙元性的概念來提高成員的自主性和變革的參與度。

7.5　總結

　　DevOps 規模化問題通常來自於導入時未能以整體的角度來思考導入的相關實務做法，使得試點團隊的成功做法無法持續並且擴展到全組織，所以當希望導入 DevOps 的任何實務做法時，都應該透過系統性的思考來務實地了解導入的細節，才能有效面對成功後的規模化問題。POWERS 的構成是以流程和治理為基礎並且以導入目標為核心來設計。它的重點在於引導推動者以系統性的方式來思考如何導入目標，並且及早地尋求多元的意見。因此，運用 POWERS 時應該著重在各面向所代表的意義，並且運用不同的抽象層級和變革模型，與組織裡的專家或是義勇軍來進行討論並且完善變革活動。此外，POWERS 的目標導向特質也提供了推動者在規劃導入之時也能兼顧自主性團隊的發展，從而滿足 DevOps 的自組織特性和對於端到端價值的需求。

　　本章介紹了 POWERS 的概念和要點，以及 POWERS 與其他方法搭配的方式，但 POWERS 要如何被善用，則需要推動者針對各個面向「問對的問題」。下一章將以如何實踐 POWERS 作為主題來帶領讀者思考如何運用 POWERS。

　　閱讀完本章後，你是否對 POWERS 的概念有所了解了呢？試著回答以下問題，順便回顧一下本章內容：

1. POWERS 分別代表哪幾個面向？

2. POWERS 與書中所介紹的變革模型可以如何融合呢？

3. 要如何持續地了解 POWERS 所規劃的要點被落實而且相關原則被遵守呢？

4. 在互動關係面向上，有哪幾個關鍵要項呢？

5. 影響窗口面向的討論重點是什麼呢？能舉出一個例子是影響窗口面向會討論到的重點嗎？

參考資料

[1] Gemba. (n.d.). Lean Enterprise Institute. https://www.lean.org/lexicon-terms/gemba/.

[2] Duncan, R. (1976). The ambidextrous organization: Designing dual structures for innovation. Killman, R. H., L. R. Pondy, and D. Sleven (eds.) The Management of Organization. New York: North Holland. 167-188.

[3] Gene K. Patrick D. John W. Jes H. The DevOps Handbook: How to Create World-Class Agility, Reliability, and Security in Technology Organizations. IT Revolution Press; 2016.

POWERS 運用與實戰

✑ 前言

POWERS 提供了思考的面向，但為了能有效地從每個面向找到導入的關鍵點，推動者必須掌握 POWERS 的運用方式和各面向上應該思索的問題。

本章將以如何運用 POWERS 作為主軸來介紹相關的使用方式和應該思考的問題，以便協助推動者充分了解 POWERS 的運用訣竅，並且以組織、團隊及個人三種範圍來展示如何將 POWERS 運用到 DevOps 相關的導入活動。

8.1　POWERS 的運用方式

第七章介紹了 POWERS 的各面向和相關要點，以及如何同時運用 POWERS 與其他工具的方式。不過想要進一步掌握 POWERS，推動者仍需要了解運用 POWERS 的步驟、關鍵問題和分析方式。本節將就這三個面向來進一步說明：

▌步驟

「始於目標，終於評估」是透過 POWERS 進行討論時的基本準則。POWERS 會從目標開始，接著是流程、影響窗口、結構和互動關係，最後則是評估（如圖 8-1）。

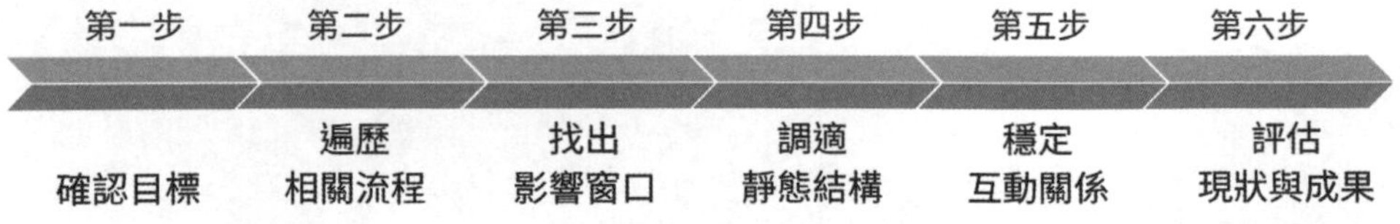

第一步	第二步	第三步	第四步	第五步	第六步
確認目標	遍歷 相關流程	找出 影響窗口	調適 靜態結構	穩定 互動關係	評估 現狀與成果

▲ 圖 8-1　POWERS 六步驟

第一步：確認目標

任何的導入或變革都會有一個明確的目標。這個目標可能是某種工具、技術或實務做法，甚至是商業目的，但無論如何，有一個清楚且明確的追求事項是一切的開始。只不過目標應該盡量和某個明確想解決的問題有關，而且該問題最好與商業價值直接相關。因為這會影響是否能夠獲得贊助者的支持。畢竟未能解決明確問題的目標，很難找到推力來讓參與者接受。

第二步：遍歷相關流程

有了目標後，浮上心頭的第一個問題通常是要如何達成。以組織角度來看，一個目標被完整達成有賴於串連著人、技術和工具的流程來實現。因此，在目標明確之後，我們總能直觀地找出最相關的一個或數個流程，並且透過遍歷這些流程和了解它們的輸出與輸入，然後進一步找出上下游關係的流程。如此一來，我們便能把所有與目標相關的流程盤點出來，並且針對導入的做法來重新審視如何調整這些流程。

第三步：找出影響窗口

找完流程後，就能利用流程將人事時地物串接起來的特性，得知：

- 相關的團隊。
- 利害關係人。
- 相關的產品或專案。
- 時間週期和節奏。
- 運行環境。
- 工作空間。

如同 7.1 節所述，識別影響窗口的主要目的是要找出導入邊界，這類邊界將會在整個導入過程中提供資源或形成限制，同時也能用來了解導入所帶來的風險。

第四步：調適靜態結構

在影響窗口的討論過程中，推動者會了解整個導入過程涉及的角色、團隊和所屬單位。由於組織的結構對於不同單位之間的溝通會造成顯著的影響，所以推動者需要了解當前的組織結構狀況，並且基於這些結構來思考是否需要進行調整或透過其他非制式或非常態的結構來促進導入目標的達成。此外，導入目標也會對產出系統的結構和對應的產品或專案結構帶來影響，所以推動者也需要思考如何進行調適，並且考慮調適後的風險和應對措施。

第五步：穩定互動關係

互動關係的重點在於行動護欄、溝通協定和期望管理。在明確影響窗口和結構的規劃後，推動者需要處理的便是成員、團隊、單位、利害關係人和所處環境之間的互動關係，以便維持資訊一致性和組織價值一致性，來減低推動阻力並且為後續的規模化奠定基礎。

第六步：評估現況和成果

有能力了解推動狀況才能知道推動的做法是否有效、是否產生衍生性的風險和是否能獲得贊助者的支持，以便讓改變與導入能夠持續並且達到預期目標，所以在所有面向都規劃完畢後的最關鍵一步、也是最後一步，就是建立評估機制，以便基於指標設計里程碑和根據風險為指標設定閾值。不過，指標最好能和商業目標掛勾，並且確保贊助者理解指標背後代表的意義。不受理解的指標會使得推動過程只剩下角力和不必要的摩擦。

雖然步驟方式看起來有循序性，而實際使用時這些順序也的確能夠幫助思考，但這並不意味只能按照這個順序，或者需要完備每個步驟後再開始下個步驟。由於每個面向多少會產生彼此依賴的狀況，所以討論過程中可以適時地回顧前面的討論內容並且做出改變，甚至是透過迭代的方式來逐步調整和完成所有的分析和規劃。不管想採用哪種方式，都別忘記討論到一個段落時，要回頭重新審視每個步驟（面向）之間的流暢性，並且考量如何基於各步驟的規劃結果，為受影響的成員提供技能和心理的支持，這部分將有賴於培訓、領導力、調適空間和心理安全。推動者務必記得任何的改變最終都需要所有人買單，而非只有贊助者。

▌關鍵問題

關鍵問題主要是用來探討改變造成哪些影響以及針對影響所採取的行動，若是運用 POWERS 來盤點時，只需要按照實際盤點的關鍵資訊，按各面向來進行分類即可。運用 POWERS 進行影響性的討論時，需要把握「影響」、「受影響」、「採取的行動」和「從屬關係」這四個思考維度，以下將根據各面向應該思考的問題進行條列：

流程

- 哪些流程或做法對於目標有影響？
- 哪些流程或做法受到目標的影響？
- 哪些流程或做法不再適用而需要調整或消除？
- 需要新增哪些新流程和做法？
- 哪些流程或做法受到改變（含消除）或新增的流程或做法影響？
- 哪些流程或做法為改變（含消除）或新增的流程或做法提供支持？

- 哪些流程包含目前找出的流程？

- 哪些流程屬於目前找出的流程？

- 目前列出的流程或做法是否能完整地達成目標？

- 目前列出的流程或做法，有哪些和公司政策需求有關？

- 改變（含消除）或新增的流程或做法，是否造成新技術或工具的引入？

- 需要安排哪些培訓、交流或任何提高參與者勝任新改變的活動？

目標

- 目標是否清晰明確？

- 目標是否和某個具體問題有關？

- 目標是否與商業目標有直間接的關係？

- 目標是否為某個具體工具、技術或實務做法？若是，它們的上層目標是什麼？

- 目標是否受到贊助者的支持？

- 如何為目標尋求贊助者？

- 目標直觀上難以被參與者理解？

- 目標是否需要拆解為下層目標？

- 目標是否需要聚合為較大的目標？

影響窗口

- 哪些團隊或單位對目標達成或盤點出的流程或做法產生影響或受到影響？

- 哪些利害關係人對目標達成或盤點出的流程或做法產生影響或受到影響？

- 因影響窗口盤點出的團隊、單位或利害關係人目前所負責的產品、專案或職務有哪些？

- 因影響窗口盤點出的團隊、單位或利害關係人的工作負載是否有週期？

- 組織的業務型態是否有淡旺季？

- 是否能從目前的時間週期安排導入活動？

- 是否需要建立獨立的專案或產品？

- 這些團隊、單位或利害關係人的實體工作空間各位於何處？

- 是否需要專屬的實體空間？

- 是否需要運算環境，以及這些環境的性質為何，比方說開發用或測試用？

- 需要的運算環境是否有地理位置限制？

- 導入活動的預算範圍？

- 盤點出的影響窗口是否存在關於導入活動的明顯阻礙？

- 盤點出的影響窗口可能引發哪些風險？

- 關於阻礙和風險是否有應對措施？

- 針對影響窗口的安排或採取的行動是否獲得贊助者的認同？

評估

- 有哪些指標可以了解目標的成果與進展？

- 指標是否能和商業目標掛勾？

- 針對這些指標有哪些需要收集的資料？

- 採用哪些機制或工具來收集資料？

- 採用哪些機制或工具來得到指標？

- 指標是否需要覆蓋足夠面向，比方說交付指標、流程指標或工件指標等？
- 資料與資料、資料與指標或指標與指標之間的可溯性是否足夠？
- 有哪些指標能捕捉風險？

互動關係

- 不同類型參與者是否有各自合適的聯繫與通知的方式？
- 有哪些溝通管道或方式來傳達導入目標與其帶來的影響？
- 有哪些溝通管道或方式可以獲得參與者的回饋？
- 對於不同類型參與者的溝通頻率、方式和內容有什麼安排？
- 有哪些衝突風險與應對措施？
- 有哪些獎勵機制（請考慮處於不同變革階段的參與者）？
- 需要符合或設計哪些組織或團隊的原則、政策與標準做法？
- 導入可能產生的風險是否有監控和通報機制？
- 相關資訊和知識要如何保存和管理？

結構

- 根據導入需求，是否需要調整組織結構？
- 參與者是否能明確了解彼此的職責？
- 是否需要引導自發性的交流社群？
- 調整後的結構與團隊是否能因應人數的成長或範圍的擴展？
- 調整後的結構是否帶來更多的溝通成本？

- 調整後的結構是否降低了任務依賴？

- 資訊系統架構是否需要調整？如何調整？

- 專案或產品的結構和管理方式是否需要調整？

- 結構調整帶來哪些風險？

- 關於風險是否有相關的應對措施？

- 相關調整與風險是否取得贊助者和利害關係人的認同？

　　上述所列的問題看起來相當多，但按照實際的情況，推動者可能需要面對更多的問題，這時候本節所列的問題可以作為推動者進一步發想或細究的起點或參考。當然推動者也可以只針對關心的相關問題來討論，或因為較熟悉或是簡單的導入議題，而只需要針對少數的問題進行討論和規劃。POWERS 並未強迫推動者毫無遺漏地回答上述問題，而是強迫推動者需要以完整的角度來思索導入議題，即便該面向並未有太多異動或是需要注意之處，但這都應該是在思考後的客觀事實。

分析方式

　　此處將介紹的分析方式主要是指如何運用 POWERS 來啟動討論並且組織結果。推動者的確能運用 POWERS 來條列資訊並且觀察落差，然後思考該採取的行動，但實際上如何詳盡所有細節和進行討論，則需要相關領域知識、設計思考的運用和引導技巧等，尤其是導入範圍較大時，請務必確保有足夠的夥伴和你一同完成規劃，或至少確保當你規劃時能存取必要資源或者獲得協助，並且在完成規劃時，有其他專家（通常會有贊助者）能為規劃結果提供建議。

　　最好的情況是推動者組成小團隊來一同集思廣益，根據筆者的經驗，團隊人數大約 6~8 人即可。討論的確需要多元意見，但隨著人數增加，討論效果與效率往

往不會比較好。若規劃目標過大而必須要有許多人加入的話，請建立核心團隊和一些主題小組，並且確保彼此的資訊透明且理解一致。贊助者加入討論其實也是一種好方法，因為逐層匯報往往資訊與細節會消失，而且時間往往較為冗長，只不過通常贊助者多為資深管理人員，請推動者或引導者注意會議參與者的心理安全狀態，否則將會使得討論成效變差。

此外，一同規劃討論都是為了相同目標而齊聚一堂。不管是核心團隊或主題小組，這都只是為了討論需要所做的分工，並無高低之意。若討論過程中發生衝突或難以引導的情況，可以尋求第三者或外部專家來提供必要的協助。

運用 POWERS 討論與組織結果基礎上有三種方式，可以單獨使用也能混合使用。以下為這三種方式的說明：

聚焦影響

這個方式相較於後面會介紹的盤點方式來說，算是一種簡單運用 POWERS 的方法。其目標在於聚焦每個面向上受影響的事項或採取的行動，以便快速進行討論和挖掘關鍵要素或議題，所以使用者可以透過任何其他方式或 POWERS 的盤點方式，將既有狀態和期待狀態勾勒出來後，根據兩者的落差，直接在表格上列出受影響事項或採取的行動，而內容描述上只要保留關鍵資訊即可。因為重點是快速掌握整體狀況和討論。此方式的進行過程較為輕量且快速。本書 4.2 節（詳見 4-11 頁）就是採用這種形式來發想達成目標應該做哪些事或影響哪些事情，不過它是搭配特殊客製（如整合三步工作法時採用的方式）的簡略做法。稍後章節將會說明較正式的做法，那就是結合聚焦影響和盤點兩種概念的方式，不過讀者也可以採用這類簡約的方式來作為討論工具，只要把握各面向背後的意義即可。

此外，聚焦影響也能根據下列三個因子來為列出來的受影響事項和採取的行動找出需要額外規劃之處：

● 風險

風險通常為合規問題或與商業持續性有關。比方說，預期調整資訊系統結構，以便整合使用者資訊相關的服務，讓新的獨立團隊負責。第一個問題很可能就是和合規相關的風險，因為可能觸及資安標準的認證規範或隱私權議題。

● 顯著改變

顯著改變代表新與舊之間的流程或做法，以及新流程或做法對所在系統產生明顯改變。比方說辦公地點大幅調動，或原先業務成果喪失等。

● 新能力

有時參與者可能具備新流程或做法的所有技能，也了解該如何進行，只是新舊之間差異過大，一時難以調適或可能造成短期任務的震盪。不過也有可能參與者不具備進行新做法的完整技能或知識，而使得參與者感到恐慌。

當新引入的變動出現上述的特性時，就代表引入的變動很可能出現摩擦與阻礙，而需要進一步為這些改變做準備，而非只是傳達新做法。推動者除了可以直接在原先欄位中標示出針對上述三種因子的應對措施，也可以在表格新增欄位來進行討論與彙整。

關於如何識別、分析和討論新做法則可以透過設計思考的方式來進行，又或者團隊面對該類問題已經相當有經驗，也可以採用直觀或參考類似做法的方式來得出應變措施。

盤點

此方法是所有討論的起點，如果對於現狀沒有一定了解，就難以找出該採取哪些導入措施。基礎上，盤點的運用比較單純。使用者只需要依照 POWERS 的六

面向將盤點的關鍵資訊進行分類即可。我們可以透過如圖 8-2 的形式來把整個流程網路描繪出來。

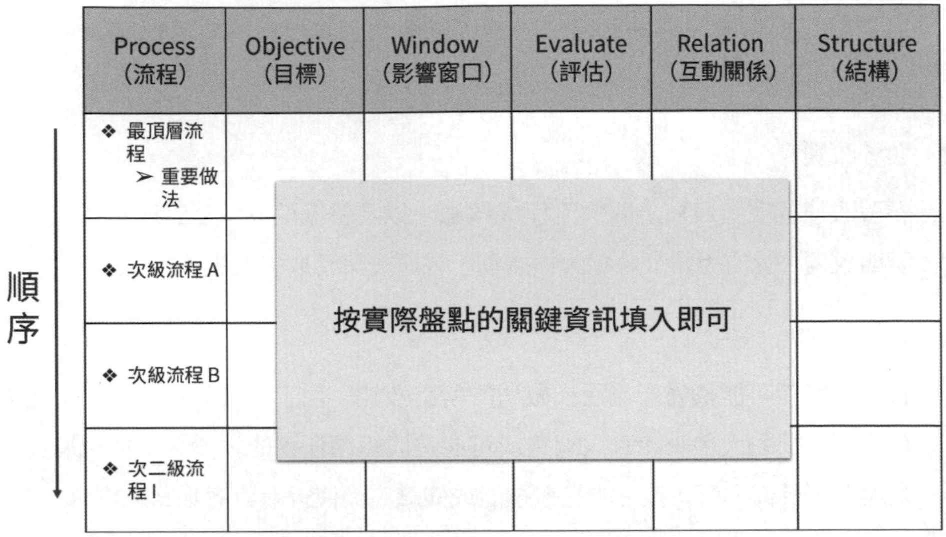

	Process（流程）	Objective（目標）	Window（影響窗口）	Evaluate（評估）	Relation（互動關係）	Structure（結構）
順序	❖ 最頂層流程　➤ 重要做法					
	❖ 次級流程 A		按實際盤點的關鍵資訊填入即可			
	❖ 次級流程 B					
	❖ 次二級流程 I					

▲ 圖 8-2　盤點表形式

當然我們也可以透過抽象層次（例如第四章故事中使用戰略、戰術和戰技）來摘要整個流程網路，以便能快速掌握整體情況和關鍵資訊。

運用 POWERS 進行盤點時，細節的拿捏相當重要。畢竟終究要回到盤點的目的，那就是導入變革。因此，推動者應該根據需要來盤點相關的流程資訊，並且在表格上留下關鍵資訊，以便之後的討論和回想。

特殊需求

若有結合其他模型或其他面向的需要時，推動者可以根據需要在另外一個軸上添加新的主題來引導討論和彙整結果。比方說第七章結合變革模型或三步工作法的方式。在本章的 8.4 節將會展示另一種結合方式。

　　不管採用上述哪一種方式，需要注意表格的可讀性，表格上的內容一樣力求關鍵即可。較細節或完整的資訊可以運用外部儲存和管理工具來存放，並且視需要在表格上留下存取資訊即可。

8.2 運用於組織或團隊

為了讓內容更加具體，以便讓讀者可以更好了解如何運用 POWERS 。本節會以「自動化上線」作為導入目標，而且以全組織作為導入範圍來當作範例。相關細節礙於篇幅與範例目的，將會有所簡化。讀者可以把範例內容作為參考，但務必把自己所面對的實際情況納入考量（當然包含工具），並且據此做出修改。還是老話一句：「沒有任何一個套路或某種特定做法可以直接套用於每個情境。」

當我們開始思考如何導入自動化上線之前，肯定必須先知道當前上線的方式。因此，第一步便是盤點與上線相關的所有流程。

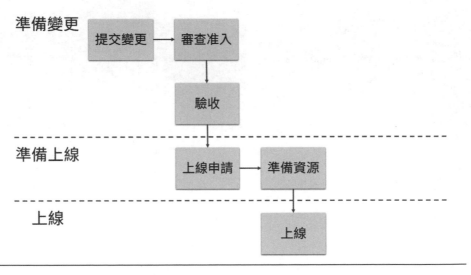

▲ 圖 8-3　組織內變更上線的通用流程

▼ 表 8-1（上） 變更上線 POWERS 盤點表

Process（流程）	Objective（目標）	Window（影響窗口）	Evaluate（評估）	Relation（互動關係）	Structure（結構）
❖變更上線	❖ 讓正確的變更成功上線	❖ 人員：產品經理、開發人員、維運人員、測試人員 ❖ 環境：開發環境、正式環境 ➢ 新環境申請需要兩周（申請連結） ❖ 每個月上線一次	❖ 準時正確上線率	❖ 產品經理決定最後是否上線	❖ 事業單位 ➢ 產品團隊 ❖ 研發中心 ➢ 開發團隊 ➢ 維運團隊 ➢ 測試團隊
❖提交變更 ➢ 使用 GitLab 管理程式碼庫和提交請求	❖ 有基礎品質的變更進入合併審查流程	❖ 人員：開發人員、測試人員 ❖ 環境：開發環境	❖ 提交失敗次數	❖ 單元測試覆蓋率達80% ❖ 通過整合測試 ❖ 通過功能測試	❖ 研發中心 ➢ 開發團隊 ➢ 測試團隊
❖審查准入 ➢ 使用 GitLab 管理程式碼庫和提交請求 ➢ 合併後分支需要刪除	❖把關變更品質	❖ 人員：開發人員、產品經理 ❖ 環境：開發環境 ❖ 審查需在提交 48 小時內進行	❖ 錯誤變更逃逸率 ❖ 拒絕准入率	❖合併無衝突 ❖通過建置 ❖通過靜態安全檢查 ❖單元測試覆蓋率達80% ❖確認提交變更所需測試均為通過 ❖准入後會通知產品經理	❖ 事業單位 ➢ 產品團隊 ❖ 研發中心 ➢ 開發團隊

▼ 表 8-1（下） 變更上線 POWERS 盤點表[1]

Process（流程）	Objective（目標）	Window（影響窗口）	Evaluate（評估）	Relation（互動關係）	Structure（結構）
❖ 驗收	❖確認產出合於需求	❖ 人員：產品經理、開發人員 ❖ 環境：開發環境 ❖ 准入後觸發	❖ 驗收失敗率	❖通過驗收測試 ❖驗收結果會通知開發人員，並且告知是否上線	❖ 事業單位 ➢ 產品團隊 ❖ 研發中心 ➢ 開發團隊
❖ 上線申請	❖確保上線事前準備均完成	❖ 人員：開發人員、維運人員 ❖ 上線週期前三天	❖ 申請單前置時間	❖確認驗收通過 ❖上線文件更新完畢 ❖通過負載測試	❖研發中心 ➢ 開發人員 ➢ 維運人員
❖ 準備資源	❖確保上線所需運算資源	❖ 人員：維運人員 ❖ 環境：正式環境 ❖ 上線申請通過後開始	❖N/A	❖弱點掃描通過	❖研發中心 ➢ 維運人員
❖ 上線	❖更新服務	❖ 人員：開發人員、維運人員、產品經理 ❖ 環境：正式環境 ❖ 週期：每個月上線一次	❖ 上線失敗率 ❖ 服務中止時間 ➢ 不得大於 30 分鐘	❖通過健全性測試 ❖服務監控指標恢復正常 ❖上線完畢需要通知產品經理	❖ 事業單位 ➢ 產品團隊 ❖ 研發中心 ➢ 開發人員 ➢ 維運人員

※1　為了書籍閱讀上的方便而保留最上層的欄位說明。此表與表 8-1（上）為同一張表。

　　圖 8-3 是本範例組織內變更上線的通用流程，而表 8-1（上）與表 8-1（下）則是以 POWERS 形式盤點了整個上線流程，值得注意的是表中的最高抽象層次流程為變更上線流程，並且以程式碼提交作為流程的起點。讀者可以把流程範圍往前擴展到需求實作，甚至是需求分析，換言之是以一個完整的商業價值交付作為最高抽象層次流程的目標，而非目前單純以工程實作交付為目標。此外，互動關係的行動護欄常與測試或檢查條件有關，不過也不能忽略重要的監控或通知的資訊，畢竟互動關係包含了溝通管理和期望管理等細節。

　　此範例關於結構的描述較為單調，主要是因為範例的設計考量。在結構面向上，本範例在後續討論較側重協作和職責議題，而這也是經常導入自動化上線時最容易出現的爭議。從實際上的情況來說，結構面向也會包含資訊系統的架構，甚至是程式庫的結構等靜態資訊。推動者在實務運用時，應該思考這類資訊對討論的議題是否有相關影響或能提供重要的背景資訊，並且在需要時將其一併納入盤點資訊中來供後續的討論。本範例在後續改變作為亦在結構面向上提及網路規則議題，主要就是希望讀者能夠意識到結構上其他的議題，比方說網路通訊的結構。

　　在盤點完畢後，接著就是要發展出期待的做法。討論的順序基礎上還是會按照先前介紹的步驟，但實際上很可能發生往返的狀況。若有些不知道該如何進行時，先抓大致流程再透過對比和問題來往復討論。比方說，團隊可以先直觀地把期待的粗略流程呈現在白板上，並且像盤點表一樣，把關鍵資訊標示在各個流程，接著再比對既有流程，看看是否忽略了哪些必要流程或關鍵點，然後再把這些落差點補上。在兩相比較的過程中，也可以用不同顏色的紙或筆將差異凸顯出來，這樣可以方便後續的討論。

　　有一個為討論找切入點的小技巧，那就是在盤點既有流程時，也能將經驗或直觀上的問題一併附在盤點表的各個面向。如此一來，除了期待的新做法所帶來的差異以外，也可以趁此機會善用新做法來改善原先的問題。當期待做法討論完成

後，可以將完整的期待做法以表 8-1 的方式呈現在盤點表上來進行記錄，接著便可以運用聚焦影響的方式來討論差異點和導入措施。習慣上有兩種方式：

針對盤點表每一列受影響流程

如果面對的流程細節比較複雜，而且希望能夠鉅細靡遺確認每個改變細節，可以採用這種方式。做法上就是直接在盤點表受影響的流程列下方新增一列進行規劃，如表 8-2。

▼ 表 8-2　針對每個流程做聚焦影響分析

Process （流程）	Objective （目標）	Window （影響窗口）	Evaluate （評估）	Relation （互動關係）	Structure （結構）
◆準備資源	◆確保上線所需運算資源	◆人員：維運人員 ◆環境：正式環境 ◆上線申請通過後開始	◆N/A	◆弱點掃描通過	◆研發中心 ➤維運人員
◆此流程刪除 ➤相關作業被納入設計實作和新的變更上線流程的自動化檢查	◆N/A	◆N/A	◆N/A	◆N/A	◆N/A

此處以虛線框代表聚焦影響列。由於引入自動化上線後，準備資源流程（第一列）已經被納入設計實作流程（如表 8-3）和新的變更上線流程內的自動化檢查中（可以參考表 8-4 的互動關係），所以此流程已經不再需要了。因此，在這個流程下方新增聚焦影響列，然後載明產生的影響與採取的行動即可。

▼ 表 8-3　對受影響上游流程進行聚焦影響分析

Process （流程）	Objective （目標）	Window （影響窗口）	Evaluate （評估）	Relation （互動關係）	Structure （結構）
❖ 設計實作 　➤ 改變 　　■ 實作時需要 　　　包含 Anible 　　　部署腳本 　➤ 導入措施 　　■ 提供工具培 　　　訓	❖ 改變 　➤ 產出須包含自 　　動化上線腳本 　　更新	❖ 導入措施 　➤ 提供 Ansible 　　實驗沙盒環境	❖ N/A	❖ 改變 　➤ 不再使用上線文檔 　　來交換資訊，改採 　　wiki 紀錄必要說 　　明資訊，由開發人 　　員和維運人員共有 　　隨時保持更新 　➤ 維運人員需和開發 　　人員一同確認和準 　　備運算資源 ❖ 導入措施 　➤ 建立部署腳本範本 　　與說明文件 　➤ 引導開發人員和維 　　運人員建立協作節 　　奏	❖ 改變 　➤ 建立開發與維 　　運團隊之間半 　　正式混合團隊 　➤ 維運團隊安排 　　專責窗口對應 　　不同開發團隊 　➤ 上線腳本主要 　　由開發人員負 　　責 ❖ 導入措施 　➤ 促進非制式 　　Ansible 技術分 　　享會
❖ 變更上線	❖ 讓正確的變更成功 　上線	❖ 人員：產品經理、 　開發人員、維運人 　員、測試人員 ❖ 環境：開發環境、 　正式環境 　➤ 新環境申請需 　　要兩周（申請 　　連結） ❖ 每兩周上線一次	❖ 準時正確上線率	❖ 產品經理決定最後是 　否上線	❖ 事業單位 　➤ 產品團隊 ❖ 研發中心 　➤ 開發團隊 　➤ 維運團隊 　➤ 測試團隊

▍直接彙整於頂層流程之下，或是彙整在另一張獨立表格

　　當組織已有其他細節性的文件，或是只想要針對改變之處做討論，可以透過彙整於一處的方式來包含所有改變和導入措施。彙整的地方可以如「針對盤點表每一列受影響流程」一樣新增一列於頂層流程之下，也可以記錄在另一張表格裡（如表 8-4）。這種做法可以簡化表格提高可讀性，但比較可能造成細節被忽略。若是運用此種做法，請務必在完成討論之後再多檢查一次。

▼ 表 8-4　彙整聚焦影響分析於獨立表格

Process （流程）	Objective （目標）	Window （影響窗口）	Evaluate （評估）	Relation （互動關係）	Structure （結構）
❖ 改變 ➢ 刪除上線申請流程 ➢ 刪除準備資源流程 ➢ 上線流程有半自動與全自動兩種做法 ❖ 導入措施 ➢ 提供上線工具 ■ 提供驗收流程通過時運行觸發的機制 ■ 提供觸發上線功能	❖ 改變 ➢ 讓正確的變更自動上線	❖ 改變 ➢ 審查准入需要維運人員加入 ➢ 上線可按需進行 ■ 只有產品經理能觸發此功能	❖ 改變 ➢ 提交變更增加上線腳本提交失敗率 ➢ 審查准入增加上線腳本准入失敗率 ❖ 導入措施 ➢ 採用 DevOps 就緒模型的第 10 與第 11 挑戰進行評分 ■ 半年目標達 4 分	❖ 改變 ➢ 提交變更通過上線腳本語法檢查 ➢ 審查准入通過腳本敏感資訊檢查 ➢ 審查准入通過附載測試 ➢ 審查准入通過維運人員審查 ➢ 產品經理可以在驗收通過同時自動觸發上線 ➢ 上線後自動進行健全性測試 ➢ 上線結果會通知產品經理、開發人員與維運人員 ❖ 導入措施 ➢ 每隔 24 小時自動進行正式環境弱點掃描任何異常會發出告警 ➢ 每月彙整自動上線推展進度與問題給贊助者 ➢ 公告自動化上線進展 ➢ 每月獎勵自動化上線表現卓越團隊	❖ 改變 ➢ 建立開發與維運團隊之間半正式混合團隊 ➢ 維運團隊安排專責窗口對應不同開發團隊 ➢ 上線腳本主要由開發人員負責 ➢ 正式環境網路規則需允許上線工具存取 ❖ 導入措施 ➢ 建立自動化上線救急小隊，並且提供獎勵

　　運用 POWERS 於團隊時，更容易出現此類用法。主要原因是團隊範圍較小，而且變革導入多半和團隊改善和試驗新方法有關。此時範圍較為有限，而重點通常圍繞在時間資源的議題上，所以討論與記錄方式盡可能簡單是比較好的選擇。不過雖然範圍較小，整個討論過程仍然最好由全體成員參與，以減少後續不必要的摩擦。此外，導入新做法的影響可能會擴及到其他流程。以本範例來說，導入的影響範圍並不只在變更上線，更往前到設計實作流程。關於這類情況，可以直接如表 8-3 將聚焦影響的討論內容列於頂層流程之上。若影響到的其他流程在頂層流程之後，則請列於下方。總之，要有把握表格列的上下順序為流程順序。

　　聚焦影響分析只會專注在改變和因為改變所採取的促進措施。從表 8-3 或表 8-4 都可以看到每個面向上裡面有「改變」和「導入措施」這兩個項目。這是筆者用來分類改變和促進措施的內容。改變主要關於既有內容的改變，而且被改變

的主體並未消失，比方說上線申請流程已經刪除，那麼其他面向上，與它相關的所有內容除非移轉至其他流程上，否則不會再另行註記刪除的改變。至於導入措施主要是用來促進此次改變能夠順利進行的行動。

由於此次的主要改變對象是變更上線流程，所以在表格上可以看到進展評估的指標，此處單獨採用 DevOps 就緒模型 [1] 的第十個和第十一個挑戰的評估項目來作為進展評估之用。按照筆者過往的經驗，導入通常缺乏合適的評估，或者單純只是缺少評估。雖然說面對全組織的推動有時很難存在有效的評估指標，但為了能夠了解目前的進展並且讓贊助者了解當前的狀況，進展型的指標尤為重要。9.3 節會針對這個議題進一步深入討論，有興趣的讀者也可以先到該節進行閱讀。

> 📖 **參考**
>
> p.9-19, 9.3 節〈評估落差與進展〉

以組織角度來思考導入時，風險管理往往是重要的議題。別讓贊助者或利害關係人感到驚喜通常是最好的做法。因此為了能夠強化風險議題，推動者可以將風險管理納入討論範圍，尤其是特別注意合規需求。本書在 7.2 節討論三步工作法時，有介紹過如何在表格中建立風險管理的內容。此處便不再贅述。

> 📖 **參考**
>
> p.7-23, 7.2 節〈POWERS 與三步工作法〉

討論完畢後，務必將 POWERS 表格妥善保存，以便作為後續和追蹤之用，所以請善用組織或團隊既有的知識管理機制，讓細節和結論以習慣的方式保存下來。善用既有方式也是減少變革摩擦的好方法。

8.3 運用於個人

因為 POWERS 是一種思考工具，所以 POWERS 的運用範圍不只適用組織和團隊，也能夠運用到個人身上。它能協助自己面對一個目標時，採用整體的視角來思考如何達成，而不是陷在某個特定細節而白白浪費力氣，還得面對不必要的風險和熱情喪失時的沮喪感。因此，把握 POWERS 各面向的意義，並且搭配自己的需要來客製一張屬於自己的分析表格也是一種很好的做法。

假設一個工程師剛好有個機會獨自負責一個較小的程式開發專案，而期望在開發過程中來嘗試運用測試驅動開發，以便更了解這種開發方方法，但也希望能在使用前思考一下是否真的要來進行試驗。這個時候，他可以使用 POWERS 再搭配為什麼（WHY）、做什麼（WHAT）、如何做（HOW）三個角度進行思考（如表 8-5）。

▼ 表 8-5 運用 POWERS 思考如何上手測試驅動開發

	Process （流程）	Objective （目標）	Window （影響窗口）	Evaluate （評估）	Relation （互動關係）	Structure （結構）
為什麼 （WHY）	◆誘因 ➤原先的開發流順時常會造成遺漏對應的修改，而造成後續無謂的錯誤 ◆憂心 ➤如何把測試驅動開發融入到目前的開發流順	◆誘因 ➤變得更卓越 ◆憂心 ➤不確定是否能運用到工作環境	◆誘因 ➤獲得更好的工作或任務 ◆憂心 ➤外訓補助不足	N/A	◆誘因 ➤網路有找到相關教學資源	◆憂心 ➤目前手邊專案規模或時程可能不適合拿來實踐測試驅動開發
做什麼 （WHAT）	◆確定手邊專案該用哪種測試框架	◆尋求團隊主管的回饋，來確定能否運用測試驅動開發	◆確定外訓補貼額度 ◆了解相關課程的市場價格 ◆確定自己願意投資多少在學習測試驅動開發上	◆主管或專案管理人員對於應用該方法是否對應用測試驅動開發採負面態度	◆整理相關教學資源	◆尋求專案管理人員的回饋來確定能否運用測試驅動開發於專案中
如何做 （HOW）	◆研究 TOP 3 測試框架，並且確認與 IDE 整合程度，然後選定測試框架 ◆若資金允許報名培訓課程，若不允許購入相關書籍	◆基於目前團隊遇到的問題和市場趨勢準備說辭並且主動和主管聯繫溝通	◆查詢人資相關政策並且上網搜尋相關課程 ◆了解每月花費和當前儲蓄	◆若主管或專案管理人員均反對，則放棄運用手邊專案來實踐。可以先學再找找看其他適合實踐的機會	◆上網搜尋與詢問好友	◆基於目前團隊遇到的問題和市場趨勢準備說辭並且主動和專案管理人員聯繫溝通 ➤若主管支持，可以請主管協助

在「為什麼」這一列，使用者可以根據六個面向來思考為什麼要使用測試驅動開發。重點在於找出進行這件事情的誘因，創造落實的急迫性（還記得第六章的科特變革模型和推力理論嗎？）。有好的誘因才能讓事情持續且順利堅持下去，否則單靠熱情，最後可能也會因為沒有熱情而不了了之。在這一列除了找出做這件事的誘因之外，也要試著思考為什麼不做這件事的理由，可能是因為害怕無法適應或覺得不知道做的方式是否正確等問題。比方說，如表 8-5 的流程面向上的內容。誘因是「原先的開發流程時常會造成遺漏對應的修改，而造成後續無謂的錯誤」，而憂心是「如何把測試驅動開發融入到目前的開發流程」。列出憂心的因素能夠幫助自己在「做什麼」與「如何做」這兩列中思考應對的措施。若能成功找到應對措施，對於提升自己的信心和成功採用目標也會有所幫助（還記得第六章的李文變革模型嗎？）。因此，這一列針對各個面向該思考的問題基礎形式為：

● 達成目標能解決什麼困擾？

> 📖 **參考**
>
> p.6-9, 6.2 節〈李文變革模型〉
> p.6-13, 6.3 節〈推力理論〉
> p.6-24, 6.5 節〈科特變革模型〉

● 達成目標有哪些助力？

● 達成目標有那些好處？

● 哪些問題會讓自己無法持續下去？

● 哪些問題會讓自己達不到目標？

在「做什麼」這一列，則要基於目標思考「要做哪些事情？」以及「要準備哪些事情？」。比方說，在影響窗口面向識別出要準備的成本資源範圍，而在評估面向上定義若哪些該做或該準備的事情未能達成時，則需要評定為不可行。在思

考這一列時，務必基於所處環境的條件和習慣做法來找出當落地測試驅動開發到自己的工作上時，有哪些事應該發生。這對於幫助自己了解進行一件事是否可行有很大的幫助。不過，需要掌握一個要點，就是下層應該盡可能去解決上層的需求，來盡量促成事情的發生。

「如何做」是整張表格的最後一列。運用在個人範圍時通常不會像運用在組織或團隊範圍一樣複雜，比方說增加風險列的討論，但如果使用者希望考量其他問題時，增加新的一列也是無妨的。當思考「如何做」時，使用者應該以幾個面向來思考：

● 如何串接上層該做的事情？

● 如何觸發上層該做的事情？

● 如何解決最上層的憂心點？

比方說，假設該工程師所在組織有提供外部培訓的相關補助，而且加上自己的投資足以報名外部培訓，那麼在流程面上可以填入報名培訓，甚至也可以填上購入書籍。雖說在流程面向填上購入書籍有些違和，但別忘了流程面向包含做法。

在逐列完成思考之後，記得重新回顧一下整張表格的內容，查看是否有遺漏為處理的憂心點，或應做而未做的事情。當完成回顧之後，也可以再根據目前表格內的規劃思考是否進一步付諸實行。若一切都沒問題，那就把表格上的事情按照先後順序逐一進行，直到目標達成。過程中若有任何新發現，也請將該發現放入表格中適當的欄位，然後再檢視整張表格的合理性，並且調整做法或決策。

8.4　總結

　　本章介紹了運用 POWERS 的步驟和各面向上的參考問題，主要用意在於降低讀者開始使用 POWERS 的困難。面對問題最困難的事情往往在於未能充分地從各方面去進行觀察並且尋求多元的意見，而造成頭痛醫頭、腳痛醫腳的狀況。

　　組織的既有資產和文化讓組織得以穩定往前，然而這些資產和文化也會降低接納新事物的能力。想要解決這個狀況，最好的辦法就是一開始便把它們考量進來，並且盡可能地運用，而 POWERS 便是為了這個目標而存在。它既能以較為繁瑣且謹慎的盤點方式來協助規劃，也能以聚焦的方式來快速找出關鍵事項，更好的是以思考工具出發的 POWERS 亦能跳脫本節所介紹的方式，單純只和關注的其他面向或方法交集來進行系統性的討論。

　　雖然本章提供了步驟，但不代表運用 POWERS 進行討論只能一步步往前且不能回頭。POWERS 的步驟只是提供思考的脈絡和順序，但實際上的討論必然會存在往復修改調整的狀況，甚至可以使用迭代的方式來逐步演化 POWERS 的內容，以便讓規劃更貼近實際情況發揮最大效益。

　　本章閱讀完後，你是否對如何 POWERS 來進行討論和規劃有更多的了解呢？試著回答以下問題，順便回顧一下本章內容：

1. POWERS 六大面向的討論順序為何？

2. POWERS 有哪些分析方式可以運用於討論過程？

3. POWERS 適用於組織和團隊外也適用於個人，不同範圍有不同的運用要點，你能為三種範圍各舉出一個要點嗎？

4. 運用 POWERS 進行討論的基本原則是什麼？

參考資料

[1] Rafi, S., Yu, W., Akbar, M. A., Mahmood, S., Alsanad, A., & Gumaei, A. (2021). Readiness model for DevOps implementation in software organizations. Journal of Software: Evolution and Process, 33(4), e2323.

探索運轉改變的管理技巧

✍ 前言

導入 DevOps 到組織或團隊並成功獲得效益是許多 DevOps 實踐者的目標,但導入過程有時順利,有時卻會遭遇棘手的亂流,使得導入過程不了了之、充滿沮喪。實踐者或許會忍不住認為問題就是來自組織文化,然而文化是不能改變的嗎?這個答案顯然是否定的,只不過文化改變是個緩慢而複雜的過程,而且改變文化需要「導入規劃具備系統性」、「贊助者的認同」、「識別與安排改變的進展」、「了解不同情境提供不同應對措施」和「組織成員的參與」。

POWERS 的六大面向可以協助推動者自然而然地採用系統的角度思考規劃,然而要如何「引導參與者討論」、「如何識別情境採用合適的決策模式和應對措施」、「評估進展」和「團隊內外的溝通與領導」則是推動者額外需要關注和考量的主題。本章將會基於筆者個人經驗、論文和為人所熟悉的框架來分別介紹與探索這四個主題,以便協助讀者在面對這類問題時知道如何著手解決。

9.1 規劃會議與引導

在組織裡,運用 POWERS 來著手討論 DevOps 導入的相關規劃時,很自然地會以發起會議的方式來進行。邀請的對象通常是組織內不同專業背景的人員,或當導入範圍僅在團隊內時,由團隊成員來參加。傳統的討論通常會透過分工來各自準備和彙整,接著再透過數場漫長的會議來進行地毯式討論。這類做法至少有以下問題:

- 討論互動較少,過程較沉悶。
- 僵化的分工視角較易產生衝突。
- 團隊凝聚力較難在討論過程中提高。
- 瀑布式的彙整過程不易儘早察覺問題。

為了解決這類問題，本書建議採用互動性高的討論方式來進行，比方說腦力激盪等方式，並且以迭代方式來逐步完成規劃。這樣不僅能讓不同專業背景的成員以不同視角為同一個主題提出看法，進而提升對規劃內容的理解度和團隊凝聚力，而這將有利於稍後的推動過程。另外，透過迭代的方式來持續完整和改善規劃的內容，可以及早識別風險並且提高與贊助者之間的交流品質和信任感。

雖說互動性高的討論方式比較好，但要如何召集、啟動和引導會議過程肯定是讓人覺得頭疼的事情。以下將以步驟式的方式來說明會議進行的方式與要點。

▌第一步：初始化目標

任何的會議都會有主軸和目的，所以開始一個或一系列的會議之前，最重要的就是讓會議目標明確，並且確保目標是贊助者所感興趣的。在組織中，目標的產生不外乎來自高層贊助者或是自發性改善。

當來自贊助者時，通常需要先釐清目標所對準的問題以及問題的範圍。換言之就是需求的範圍。這是相當重要的步驟，也是確保贊助者後續支持力道的關鍵一步。因此，在會議開始之前，通常會有數次與贊助者之間的討論。此時請務必確保以贊助者的角度和語言來達成對於目標的一致性認同，並且在取得認同後了解針對目標所能提供的支持。

當目標是因為自發性改善，那麼推動者需要思考至少三件事：

1. 目標是否明確地與具體問題關聯。

2. 關聯的問題對於商業目的是否有直接影響。

3. 關聯的問題在組織造成普遍性或顯著的效率問題。

組織營運永遠不乏可改善的地方，因此往往只是在眾多改善中選擇最重要的目標先做，至於其他目標並不是被否決，只是單純還在排隊。不過，市場總是在變

化，今天被忽略的事情或許到了明天就變成重要議題。重點是風險意識，但不是急於一時。若推動者遭遇目標無法啟動的狀況，請思考推力理論的原則。換個角度找尋客觀資料和重要陳述，再來一次。若持續碰壁，那麼可能代表該目標在你所處環境，尚未有好的機會。

> 📖 **參考**
>
> p.6-13, 6.3 節〈推力理論〉

當目標被接受之後，此時應該對於目標、關聯問題和可能獲得的資源有大致的想法。接著，便是要著手組建一個推動團隊，並且召開會議來進一步推動目標。

▎第二步：召開會議

召開會議的第一步是識別利害關係人和尋找參與成員。這些成員往往會成為後續推動的重要參與者，因此最好注意參與成員的多樣性，就像科特變革模型的第二步所述，成員的多樣性有助於擴展變革，並且將變革的內容轉換為適當的語言，在不同面向上為變革提供協助。

> 📖 **參考**
>
> p.6-24, 6.5 節〈科特變革模型〉

此外在關注多元性的同時，也需要思考兩件事：

1. 贊助者的參與

直接決策權往往在贊助者身上，若能讓贊助者參與會議，對於推動目標上會有較好的效率，而且當發現非預期的風險或議題時，贊助者往往也具備更廣的視野，可以為這些議題提供關鍵的協助。不過，贊助者的時間安排通常比

較緊湊，而無法總是有充裕的時間參與全程會議。此時，可以至少讓贊助者為初次會議開場並且說明目標的重要性與期待。此外，請求贊助者在會議需要時盡可能地參加或提供建議，並且在每次會議之後，提供摘要、進展、待處理議題和需要的協助與承諾給贊助者。

2. 人數

雖說多樣性很重要，但人數變多溝通成本也會以相當驚人的速度增加。依照筆者的經驗，6~8 人是比較好的，而且通常彼此的溝通和默契也比較容易培養。若實際情況需要較多人參與時，可以按階段和需要增加人數，但核心團隊人數仍不宜過多，否則會議將會變得冗長，而且因為責任分散，團隊成員的參與度也會隨之下降。

▌第三步：破冰與共識

當初次召開會議且贊助者說明目標的重要性後（此時贊助者可以選擇先離席），首先要處理的問題是如何迅速讓所有參與者進入狀態並成為一個團隊。這個問題並不容易解決，但關鍵點在於讓參與者在會議中產生第一次的互動。就好像力學一樣，最大靜摩擦力總是略大於動摩擦力。當參與者能夠為會議做出第一次的互動，對於後續的互動和意見發表會有很大的幫助。因此，推動者應該投資時間在破冰活動上，來讓參與者為接下來的互動討論做熱身。

破冰活動多半會和自我介紹有關，制式的自我介紹往往無法激起太多火花，因此建議透過一些團隊活動來加深參與者對彼此的了解。比方說「靈魂交換」或「讓我為你介紹」之類的活動。以「讓我為你介紹」為例，活動過程如下：

1. 推動者以自我介紹作為範例來說明活動過程。

2. 發給每位成員一張便利貼。

3. 要求每位成員在便利貼上寫上名字。

4. 給 1~3 分鐘，讓每個成員在名字下方寫下 2~3 項能為團隊貢獻的能力。

5. 給 1~3 分鐘，請成員就近或找任何一位成員，按照便利貼內容介紹自己，並將自己的便利貼給對方。

6. 休息 1 分鐘（讓成員消化一下便利貼內容）。

7. 給 5 分鐘，請成員向任意 2~3 人介紹便利貼的內容。若完成介紹，就把便利貼放到白板或可以黏貼的共通區域上。

8. 休息 1 分鐘，和緩一下剛才的騷動並且讓所有成員完成所有操作。

9. 按需要或隨機挑選便利貼，唸出便利貼內容並介紹該位成員，或讓該位成員說明一下內容後，詢問是否和剛才的介紹了解一致（請試著提出一些疑問來加深成員對於相關能力的認識）。

「讓我為你介紹」的目標在於讓參與者了解彼此，並且透過介紹他人來活化成員的視角和放鬆緊張感。有時可能團隊成員已經相當熟識，此時破冰活動可以根據目標來進行。比方說，透過腦力激盪的方式讓成員提出對於目標的感受和看法，以及可能遇到的阻礙。當然對目標的相關腦力激盪活動也能在上述介紹的破冰活動結束後進行。

腦力激盪的方式請用便利貼的方式進行，請務必限制腦力激盪的時間，並且要求參與者至少提供一個觀點。當所有參與者說明自己的觀點後，請要求參與者為觀點分類，並且為每個類別命名。此時，破冰與共識的階段便告一段落。會議的主持人可以趁這個機會和參與者互動，並且針對剛才有疑慮的意見（對目標保持中立態度或負面的認同）進行一些交流。藉此了解一些尚未深入討論前的感受和想法，並且允諾在稍後討論過程中會回顧這些觀點，並且將它們考量進來。這些初期觀點會幫助推動者為目標找到更好的推力。

第四步：進行會議

會議討論通常會需要多次進行。若採用密集且長時間的討論模式，請注意成員的精神狀態和參與度，並且在會議過程提供休息時間。此外，若能為團隊成員提供短期且持續借用的空間將是一個很好的選擇。推動者可以將會議討論內容，透過便利貼的形式展示在該空間裡，並且鼓勵成員隨時進來討論和觀看。這類做法能夠大幅提升成員的歸屬感和凝聚力，而且也能促進討論和想法的發生。

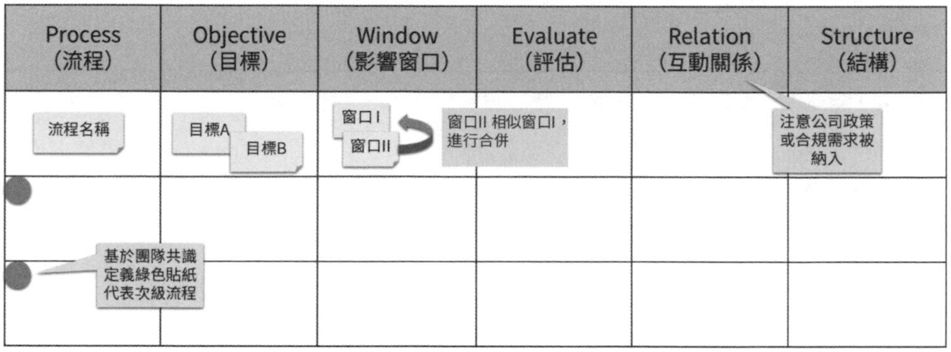

Process （流程）	Objective （目標）	Window （影響窗口）	Evaluate （評估）	Relation （互動關係）	Structure （結構）
流程名稱	目標A 　目標B	窗口I 窗口II　窗口II 相似窗口I，進行合併			注意公司政策或合規需求被納入
基於團隊共識定義綠色貼紙代表次級流程					

▲ 圖 9-1　運用視覺化方式整理 POWERS 盤點表

當該次會議是初次召開時，有可能會在破冰與共識階段後便對目標的背景資訊進行說明，並且請求成員認領待收集與彙整的資料，接著便會約定下次會議時間然後結束。若在會議或次回會議前已經完成資訊彙整，請在會議前將資料提供給所有成員，並且在會議時進行簡短的說明。若運用 POWERS 進行盤點，請要求成員根據彙整資訊，透過便利貼的方式將要點以視覺化的方式呈現在六面向的表格裡（如圖 9-1）。此時身為會議引導者的推動者應以詢問的方式引導參與者完善表格內容，若有需要，請適時建議成員將過於零散的要點整合為一個要點。引導者需要把握提供協助和引導整理的角色。比方說，互動關係面向上是否有必須符合的原則？或影響窗口面向上有成員貼上後端開發工程師和測試工程師，這時可

以詢問這些角色是否同屬一個開發團隊？那是否用組織裡該開發團隊的名稱來取代？在完成盤點表後，請讓成員退一步重新觀察整個表格，並且詢問是否有遺漏或補充之處，並且進行修改。接著便讓成員喘口氣休息，並且告訴他們在休息過程中，若有發現任何不妥之處，仍然可以修改。

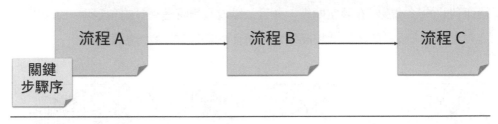

▲ 圖 9-2　整理後的期望流程

　　在完成盤點後，就需要設計出基於導入目標的期望流程。請引導成員利用現有的盤點表發想相關流程（如圖 9-2）。這裡需要特別注意的是 POWERS 的表格都是以流程為其單位，做法或步驟則會列於所屬流程之下，所以推動者需要引導成員將過於細節的步驟合併為一個流程，然後將關鍵步驟以序列方式整理於單張便利貼上，然後貼在該流程上。接著請成員依照 POWERS 的六個面向進行發想，並且將相關發現貼在該子流程、流程線或周圍空白空間上，並且搭配麥克筆做出適當的繪圖（如圖 9-3）。

　　從圖 9-3 可以知道不同面向或類型的內容會使用不同顏色的便利貼，所以推動者最好至少準備六種不同樣式的便利貼或任何一種可以輕易區別類型的方式來使用便利貼。當繪製出期望的流程後，請成員回顧破冰和共識時的產出，並且檢視是否期望流程有解決相關疑慮以及是否有任何意外風險。此時可以引導成員針對未能解決的疑慮和風險發表自己的看法並尋求解答。當達成一致後，便可以直接或把便利貼的內容複製一份按照 POWERS 各面向整理起來。

　　當既有和期望流程均整理完畢後，便可以基於聚焦影響的方式來發想各面向上的影響。操作方式和盤點一樣，在白板上繪出聚焦影響表格，然後進行發想與彙

整。不過順序上，請先彙整既有流程和期望流程之間的差異（改變點），接著再發想針對這些改變點需要採取怎樣的措施。當找出改變點與採取措施後，推動者可以結合風險討論或其他面向工具（例如三步工作法）來引導成員進一步地完善聚焦影響的討論。

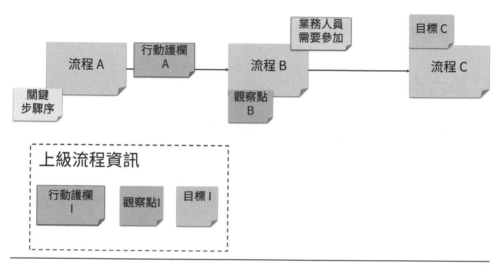

▲ 圖 9-3　基於 POWERS 進行發想與彙整

討論過程中，請把握幾個準則：

● 引導者可以提供示範和詢問，但不宜給出過多建議。

● 注意互動低落的成員，並且詢問他是否需要協助。

● 有些成員可能較不懂得如何發表意見，請尋求他的想法來尋找解決方案。

● 當衝突發生時或討論開始前，請提醒成員請相信彼此對於目標的努力，意見相左往往只是因為角度不同，不同的意見只是代表同一件事在不同角度上發生衝突，而這正是我們需要解決的問題。

● 給予適當休息時間。

● 注意被忽視的新鮮點子。若有成員聲音較小，請鼓勵並且提供機會讓他的聲音被聽見。

第五步：尋求贊助者承諾

當會議進行一個段落產生結論或過程中出現非預期風險與衝突時，請尋求贊助者的承諾或建議。贊助者通常具有較廣的視角，可以識別額外的風險、缺漏和利害關係人，並且以更接近商業思考的建議。同時贊助者也可以協助推動者和討論團隊為目標導入的新發展尋求其他贊助者。

第六步：追蹤與迭代

追蹤規劃執行的狀況並根據規劃落地後的狀況來進行調整，是讓規劃更貼近實際狀況的關鍵步驟，尤其當團隊運用 POWERS 並分段進行規劃和執行時，追蹤得到的回饋更是後續迭代規劃的重要輸入。比方說團隊先針對程式碼合併的流程進行規劃和導入，過程中可能發現需要增加評估要件、新做法可能影響更多人、所需的資源安排延宕而使得影響時間變得更長等……都會影響規劃內容及後續的應對措施和調整。如果團隊採用分段規劃導入的方式，請務必注意行動護欄的相關原則設計，以避免局域的變動導致全域的風險。

此外，保持贊助者對於導入目標認同的最好做法是透明且即時地提供進展狀況，以及可能的風險。千萬不要為贊助者提供無謂的驚喜。

如本節所提及，規劃會議的討論不僅要形成規劃內容，也需要考量後續推動團隊對目標和推動的認同和熱情，增加互動是相當好的選擇。推動者或許會擔心在討論過程中非相關領域的成員會無法為某些主題或協作活動作出貢獻，但團隊合作本就有主有副，單純只是因為情境使然，而且其實有時非相關領域的成員提出的意見可能意外有用，比方說讓導入做法更為貼近全體組織人員或發現非預期的風險等。以開放心態來規劃與驅動會議進行往往是最好做法。

9.2　根據 Cynefin 調整決策模式與規劃

　　無論是工程師或是管理者，我們總是相信且傾向找出做事的共同模式，並且根據這些模式擬定做法，然後期盼總能運用這些做法來處理事情並且得出預期的結果。尤其在程式設計領域中，這就像是一種天性，程式設計師依據腦中所繪的步驟寫出程式，然後執行得到結果，問題就是這麼簡單！不過，當這些思維面對導入新技術、新做法或面對新的業務時，卻是有時有用有時沒用。這樣的問題到底算是規劃不利還是文化問題？

　　就如同 David J. Snowden 和 Mary E. Boone 在哈佛商業評論《A Leader's Framework for Decision Making[1]》一文的摘要中提到：

> 「雖然許多高階管理者對先前成功的領導方式卻在新的狀況下一點也不
> 管用而感到吃驚，但不同的情景本就需要不同的應對方式。在解決所面
> 對的狀況之前，領導者需要識別出該狀況受制於哪種情境，並且據此調
> 整所採取的行動」

　　不同的情境便需要採取不同的做法，而導入 DevOps 或任何變革也是如此。推動者必須正確地理解所處的情境才能正確地做出規劃，而且以 POWERS 的角度來說也才能更好地為影響窗口、評估和互動關係做出合適的規劃。本節所要介紹的 Cynefin 便是一種用於分析不同情境，並且提供對應措施的概念性框架。

　　David J. Snowden 在 1999 年提出了 Cynefin 框架，而他在 2007 年於前文所引用的文章《A Leader's Framework for Decision Making》中為該框架提供了更多的說明。Cynefin 將決策時可能面對的情境分成了五種不同的類型，並且為這五種類型的情境提供應對的方式（如圖 9-4）。

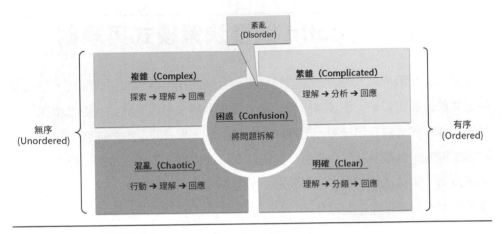

▲ 圖 9-4　Cynefin 的五個情境

　　雖說 Cynefin 所指稱的情境有五種，但這是以靜態的角度來觀察情境而得出的結果。若考量情境之間的過渡狀況，則實際上還能從四個轉折點來討論三條情境變化的路徑。本節會以基礎的五種情境來介紹，而過渡的概念則會在後續說明內容中簡單地提及，但不會過度強調。讀者可以從官方的維基百科 [2] 中獲得更多的資訊，而此處的介紹也會以官方的說法作為根據來進行說明。

　　Cynefin 有三個主要的情境，其中有序（Order）情境可以進一步分為明確（Clear）和繁雜（Complicated）兩種不同類型的情境。此外，圖 9-4 中間區域則是代表令人困惑的一種情境。各種情境的介紹如下：

有序（Order）

　　當決策者所面對的問題處在有序情境下時，代表問題本身有因果關係可循。即便有未知的狀況，該狀況也是可以想見和掌握的未知狀況。因此，我們比較能夠在此領域尋得明確解決方式和管理舉措。根據情境狀況，又可以再細分為以下的兩種情境：

明確（Clear）

這類情境有以下特徵：

- 因果關係明確且清楚。

- 有標準答案。

- 有最佳做法。

- 能充分掌握影響因素。

因此在面對問題時，會採取的行動是先了解狀況，接著根據狀況分類問題，然後按照既知解法來進行應對。重點在於確實且有效率地解決問題，而採取的評估和判斷基準則會以事實為導向，畢竟情況不複雜且能掌握。這類情境的任務就像是有食譜的烹煮任務或製造生產線，所有的步驟都已經明確地被描述、準備且掌握。

繁雜（Complicated）

這類情境有以下特徵：

- 有多種正確解答。

- 雖然存在無法掌握的因素，但對這些因素有一定理解。

- 因果關係需要經過分析後才能確認。

- 事情雖然複雜但能掌握且大多能預期結果。

雖然這種情境較複雜，而且因素之間的關係無法一目了然，但仍然可以透過理解問題和分析結果之後，找出應對方式。此類情境的問題存在多種解答，也就代表著解決問題的因素之間存在多種組合方式，所以重點在於如何設計具有一定彈性空間的政策來確保最終產出的正確性，以及透過量化的機制來取得可分析的資訊。這類情境的任務就像是流程改善。如果希望透過去除流程中浪費來降低成本

提高效率，我們很難直觀地知道要改善哪些問題，因為產生浪費的因素很多，不過我們可以透過價值流對照並且取得相關量化資訊後，找出浪費並且著手改善。

▌複雜（Complex）

這類情境和已經介紹過的兩種情境相比來說較無規則與秩序，所以它與混亂情境也可統稱為無序（unorder）情境。此類情境具備以下特徵：

- 存在未知的因素，而且無法事前掌握。
- 需要透過探索的方式來獲得更多資訊。
- 不管是開始著手或進行過程都需要透過探索才能知道接下來的方向。
- 沒有既知的好方法，但探索過程往往會出現好點子或做法。
- 需要更多的溝通和互動。

雖然這類情境不見得相當新穎而陌生，但由於存在一些不確定性的因素，而使得難有什麼既知的好解法，也很難根據經驗在第一時間就對問題或任務有十足掌握（或許可以就經驗有好的嘗試方式，但依舊無法完全地預測結果），所以往往需要透過試驗的方式來找尋做法。因此，如何為這些試驗提供安全的環境便相當重要。這裡所指的安全包含了組織、運行環境和參與試驗的成員在物理上與心理上的安全。當此類情境發生在導入 DevOps 時，推動者可以從 POWERS 的目標、影響窗口、互動關係和結構等面向上來限縮問題的範圍，以管理整體的風險，並且提升成功率。

當對問題或任務進行探索（試驗）後，接著就是審視結果，然後根據結果採取行動。行動可能是為了進一步限縮問題解法的下一輪的試驗或為了往前推動的下一步試驗。這個過程中可能因此觸發一些新發現和做法而使得問題變得更為穩定，而能讓情境開始從複雜領域轉變到繁雜領域，進而使得問題變得更易掌握。

這類情境的任務就像是玩撲克牌，或許在玩的過程中可以透過一些策略性的做法對彼此進行試探和了解，藉以提升勝率，但終究有運氣成分影響著過程，而使得玩家無法明確地掌握最終結果。

▌ 混亂（Chaotic）

這個情境要遠比複雜情境更加動盪且混亂，通常在這個情境之下，分析、理解或最佳解都不是最重要的，最重要的是停止損害和混亂繼續下去，因此只要有效即可，等補了破洞並且有了喘息的空間之後，再來思考其他事情可能更加有意義。此類情境有以下特徵：

- 遏止問題並且採取行動是第一要務。
- 沒有任何人知道什麼是正確答案。
- 有效比正確更重要。
- 沒有餘裕思考。

此類情境通常與危機相關或是面對全新市場或產品。參與其中的成員對於問題或事件本身不會有太多了解，因此，更不用說對問題或事件的結果做出預測，而且此時就算發生任何衍生情況也不會太意外，當然也無法預測會發生什麼事情，所以有空預測和思考還不如先採取行動來穩住狀況。當採取行動後，再根據對行動結果的理解，做出進一步的反應。換言之，就像是打帶跑再調整的過程。這類情況以例子來說，就像是恐怖攻擊、金融危機或超乎預期的服務事故一樣。

一般而言，不會有人希望陷入此類情境，但其實對於領導轉型的決策者或希望導入 DevOps 的推動者來說，並不會與此類情境距離得太遠。可以試想一個情況：當企業有穩定的商業模式，但因為外部環境的競爭，而希望能夠進一步改善原先的做法或進行不一樣的嘗試，然而該企業原先的做法雖然穩定卻相當繁雜，而伴隨著企業中一些未知的協定或操作，使得新做法為組織成員帶來了困惑感和

窘境，進而讓整個變革陷入混亂狀態。這也正是為什麼討論到規劃變革導入時，會期望多元的回饋和意見，多元的回饋和意見通常是來自組織各個領域的專業人士，而他們的想法能夠協助推動者避開最危險的混亂。

困惑（Confusion）

相對於其他情境，這個情境就比較像是四不管地帶，如圖 9-4，此領域鄰近四種其他不同的情境。換言之，當下的決策事態可能是上述介紹過的任何一種情境，但無法清楚辨認且也無法得出有效結論。這種狀況很可能來自於組織內部不同領域專家或管理層的認知不一致，但追根究柢也是因為條件不明確而難以判定該問題或任務屬於哪種情境，因而也難有好的解決方式。這類情境有以下特徵：

● 問題或任務無法被歸屬到任何其他四個情境。

● 以救火方式處理事情。

● 憑個人偏好雜亂無章地採取行動。

● 無暇顧及當前是什麼情境，更不用說引導問題到可控的狀態。

這個情境之前也被稱作紊亂（Disorder）。不過，它常常容易和混亂情境混為一談。框架在後續的升級過程中將此情境改名為困惑。不僅更能和混亂一詞產生區別，也更容易和其他四種情境搭配在一起以方便記憶（因為都是 C 開頭）。

面對這種情境，最好的做法是拆解問題。換言之，讓問題變小或讓情境分辨條件更為清楚。這樣便能讓問題落到其他四個可辨識的情境中，從而掌握可以應對的方式，並且分而擊之。

雖然 Cynefin 提供了不同決策情境的類型、特徵和應對方式，但比鄰情境所代表的意涵以及情境之間變化的動態關係也是相當重要的關鍵。對於想要導入 DevOps 的推動者來說更是需要意識到這些概念所帶來的影響，因為這對於是否

能夠提高成功導入的勝率有著很大的影響。這些影響可以從「情境改變」和「情境衝突」這兩方面來探討：

情境改變

　　有時由於市場的變化而需要原先處於較單純決策情境的成員面對較為複雜的決策情境。即便因應改變所規劃的做法的確能協助成員面對新的情境，然而對於熟悉原先情境與做法的團隊成員來說可能依舊會感到相當不知所措。以 DevOps 導入來說，雖然開發團隊希望按照商業上的需求盡快地將成果推到市場，但若是剛好維運團隊過去都是習慣工單、手動操作和固定週期變更的標準作業模式，那麼導入 DevOps 相關實務做法所產生的改變將會使得原先明確或有前例和規範可循的情境，變成需要自主判斷而且不熟悉的狀態。因此，推動者應該思考相關的影響，並且為維運團隊建立可允許的決策空間（讓潛規則制度化）和培訓措施，以便讓維運團隊能夠理解新做法帶來的衝擊，並且擁有相應的能力來找出如何應對新做法和服務穩定之間的平衡。以 POWERS 的角度來看，這些應對措施、規劃和培訓可以從流程、影響窗口、互動關係和結構層面上來進行規劃與落實。

情境衝突

　　為了讓整個組織有一致性的行為和作業標準，推動者會希望導入的新做法能夠擴及整個組織，然而新做法的落實有時能帶來具體效益，而有時卻只是錦上添花。簡單說就是使用新做法與否對於該主題沒有太多好處，倒不如說還會因為不習慣與熟練導致不必要的錯誤。例如，某個負責相當穩定且需求沒有多大變化服務的團隊，可能覺得迭代探索的敏捷方法沒有多大意義。這個情況與情境改變略有不同，原因在於參與者需要改變的急迫性沒有相當明顯。

　　從 POWERS 的角度來看，推動者可以從兩種面向來尋求解決衝突方式。一種是評估面向，而另一種則是互動關係面向。透過評估面向可以引導與調適參與者對於事情價值的看法，進而對改變的意願提升，進而化解情境差異上的衝突，比方說透過評估前置時間和處理時間，並且為兩者之間的時間差設定達成目標，來讓成員了解原先的時間分配狀況和新做法可以改善的程度。至於透過互動關係則是提供標準做法，比方說流水線或測試的實作樣板。雖說「情境改變」也建議最好有標準做法來輔助參與者，但在此種狀況下，標準做法會有額外的好處，那就是提升參與者的意願。

9.3 評估落差與進展

如同 POWERS 在評估面向上的定義，評估能夠幫助推動者了解現況、追蹤進展和掌握預期成果，然而這件事往往容易被忽略，尤其是當導入 DevOps 的時候。DevOps 的導入包含了軟體開發的最佳實務做法和各種技術。當我們面對這類導入時可能會認為技術或實務做法的導入相當單純，那就是看最後落地狀況。換言之，「導入之後，有在用或沒有在用？」不過，這種想法雖然看起來直接，但其實相當曖昧不清，因為對於使用的定義不明，就會使得評判顯得直覺且每個人的看法難以統一。如果當導入範圍更大時，各個團隊原始狀況不同，這種問題就會更加顯現出來。即便不討論這些問題，明確的評估方式能讓我們了解組織或團隊現況。如果無法掌握組織或團隊現況又該如何知道要採用哪種角度或以哪種方式來採用這些新事物，而且也可能導致以下問題：

- 導入後的成果與預期不同。

- 難以在過程中提供必要協助。

- 難以識別推動阻礙和風險。

- 贊助者信任感下降。

- 導入規模無法擴大。

- 投資浪費等。

因此，在規劃導入時思考和進行評估是相當重要的事情。當然說到評估難免會對人帶來急迫感和壓力，而且如果參與者對於評估方式感到不安時，很可能會抗拒改變或是讓評估結果成為無效的參考。在庫伯勒 - 羅絲變革曲線有談到討價還價階段，參與者通常在這個階段很可能會對評估機制提出意見或回饋，推動者在規劃時應該把握對事不對人的原則來保持評估機制與其結果的客觀性，並且在目標不變的情況下和參與者溝通彼此的想法。

此外，老話一句：「評估都是為了改善事情，並非為了改善某人。」

📖**參考**

p.6-3, 6.1 節〈庫伯勒 - 羅絲變革曲線〉

以 DevOps 導入來說，常見的評估方式有三種類型：

1. **產出型**：以某種特定活動的產出結果作為評估基礎，比方說測試覆蓋率。

2. **交付型**：以實現某種需求的交付過程和結果作為評估基礎，比方說前置時間或臭蟲產生率。

3. **採用程度型**：以導入目標滲透到日常相關工作的狀況作為評估方式，比方說工具使用率。

這三種都是很好的評估方式，比方說 DORA 的四大指標便時常被用來作為評估交付能力的方式。若推動者希望透過導入 DevOps 來改善現有流程和提升交付能力，那麼這類指標的確是很好的工具。它不僅可以讓你了解現況，也能讓你設定未來的目標。有了現況和目標，推動者便能夠了解期待與現況的落差，並且根據對現況細節的了解來思考改善做法，比方說採用 DevOps 的哪個實務做法或相關的工具。

不過，產出型或交付型的評估方式雖然較易量化與觀察，但若導入範圍擴及組織時，這類評估方式便顯得有些棘手，因為負責不同任務的團隊可能有不同的限制，而使得這類評估方式所得出的指標不容易存在一個合理又通用的基準，除非每個團隊的任務性質都高度相同，所以推動者往往需要煩惱如何設定一個共通性的期待標準，而最終可能採用最下限值、區間值或某個拍腦袋鼓起勇氣的數值。雖說如此，但這類具體指標對於導入變化來說還是相當重要的。問題在於是否有其他評估方式來輔助判斷狀況或協助讓運用這類指標更加準確。這類評估方式通

常屬於採用程度型的評估方式。採用程度型的評估方式通常能夠提供做法或工具本身被使用的狀況，進而能夠讓推動者可以基於這些狀況來調整其他量化指標的期待標準。

不過，組織裡的各個團隊通常會有各自的改善活動，而這些活動會使得一些預計導入的做法或工具在組織裡原本可能就存在一定的採用程度。若是關於工具採用的程度或許可透過盤點的方式來進行，但若是某種實務做法或框架的話，那麼盤點所得到的結果就不太足以作為判斷的基礎了。推動者可能需要一個更好用的評估工具。舉個例子來說，推動者可以運用摩托羅拉評估工具（Motorola Assessment Tool）來了解整個組織對於某個活動或實務做法的運用程度。

摩托羅拉評估工具透過三種面向來評估組織對於某實務做法的運用程度並且運用李克特量表（Likert Scale）來對每個面向進行評分，這三種面向分別是：

● 達成狀況（**Approach**）：組織對於該做法的決心和管理者能為該做法提供支持程度，以及組織落實該做法的能力；

● 實施狀況（**Deployment**）：該做法在組織中各單位和專案普及的狀況和一致性；

● 結果（**Result**）：該做法在組織中是否在不同單位和專案中產生正面成果，而且這些成果能持續保持維持。

💡 **提示**

李克特量表常見於問卷調查。基礎概念是調查回答者對於問卷所描述內容的認同程度。讀者可以查閱維基百科或其他相關書籍以了解更多資訊。

▼ 表 9-1 摩托羅拉評估工具 [3]

分數	評估面向		
	達成狀況	實施狀況	結果
最差 (0)	◆ 管理層未察覺需要該做法 ◆ 組織完全沒有能力來實現評估的做法 ◆ 無法獲得組織採用該做法的承諾 ◆ 在組織中未發現或不容易發現有該做法的使用情形	◆ 組織中沒有任何人使用該做法 ◆ 組織中沒有任何人對該做法感興趣	◆ 無效果
較差 (2)	◆ 管理層開始察覺該做法的需求 ◆ 開始安排相關資源來支持該做法被採用 ◆ 組織中部分的單位開始有能力來落實該作法	◆ 該做法的部分被運用，且運用方式不一致 ◆ 組織的部分單位開始採用該做法 ◆ 該做法正確使用與否並未明確地被驗證	◆ 零星成果 ◆ 不一致的成果 ◆ 部分組織有效運用該做法
普通 (4)	◆ 該作法獲得大多數的管理層承諾 ◆ 對該做法的落實有明確規劃 ◆ 部分支持該做法的資源已經到位	◆ 較少部分使用該做法的情況，且運用方式開始變得稍為穩定一致 ◆ 組織裡重要的單位開始採用該做法 ◆ 組織中部分的單位是否正確運用該做法受到驗證	◆ 數he組織運用該做法獲得一致且正面的成果 ◆ 其他組織運用該做法的成果則不太穩定
稍好 (6)	◆ 有些管理層對該做法開始採主動態度 ◆ 該做法正順利地在組織中多個部門裡落實 ◆ 所有支持該做法的資源均到位	◆ 組織部分單位採用該做法 ◆ 該做法在多個單位中的運用方式大致保持一致 ◆ 組織大多數單位是否正確運用該做法受到驗證	◆ 組織裡大多數單位獲得正面成果 ◆ 組織裡多個部門能持續獲得正面成果
較好 (8)	◆ 該做法獲得所有管理層的承諾 ◆ 大多數的管理層對做法採主動態度 ◆ 該做法已經融日流程中的一部分 ◆ 支持資源開始對該做法的使用產生正面的推力	◆ 組織大多數單位採用該做法 ◆ 該做法在所有單位的運用方式均保持一致 ◆ 近乎所有單位是否正確運用該做法受到驗證	◆ 近乎所有單位都獲得正面成果 ◆ 近乎所有單位能持續獲得正面成果
最好 (10)	◆ 管理層該作法不僅做出承諾並且展現積極的領導力 ◆ 組織在該做法的卓越表現受到外界注目	◆ 全組織都採用該做法且運用方式一致 ◆ 全組織運用該做法的方式能持續保持一致 ◆ 全組織是否正確運用該做法受到驗證	◆ 獲得超乎預期的成果 ◆ 持續且世界級的成果 ◆ 其他組織前來拜師學藝

　　對該做法的評估分數會採用三個面向的分數平均值來作為最終結果。整個評估工具的相關細節如表 9-1。使用上，可以由推動者透過盤點狀況來直接進行評估或採用抽樣（各團隊抽一人）與統計的方式來評估。此類評估除了能夠讓推動者了解導入目標在組織中的現況外，還可以幫助推動者對規劃內容做出調整，來提高導入的順暢度。

　　比方說，為了解決服務品質問題，推動者預計導入一系列測試活動，但原本各個團隊就有各自採用一些測試方法。這個時候推動者可以運用摩托羅拉評估工具來評估這些測試活動在組織內的狀況，並且根據這些評估狀況的成果來調整導入速度與輔助措施，也能夠基於這個評估機制所得出的結果來設定導入的里程碑。

　　以 DevOps 導入組織的角度來說，這類評估機制若能夠搭配 5.2 節所提到的導入挑戰和各挑戰所對應的實務做法的話，便能更好地掌握組織導入 DevOps 時的

痛點並且加以重點處理。在 8.2 節運用於組織或團隊裡提到的 DevOps 就緒模型便是基於上述概念的評估模型。該模型評估方式的基礎概念是如果想要成功導入 DevOps，就需要面對導入 DevOps 的各種挑戰，而解決各種挑戰的做法就是完善地達成與挑戰對應的各種實務做法，該論文列出了 18 種挑戰，而與挑戰對應的實務做法則有 73 個。在 8.2 節中，範例採用第十個挑戰「缺乏持續部署的基礎設施維護能力」和第十一個挑戰「不成熟的自動化部署工具」這兩項挑戰來作為自動化上線的評估方式。推動者可以在規劃前進行評估，然後根據評估結果強化與調整各種實務做法的支持方式與調整其他評估指標，最後再據此評估搭配組織政策和業務期望設定導入的里程碑。

不過值得一提的是此處只是採用該論文所提的部分評估方式。該論文又進一步將挑戰分級，來設計 DevOps 的就緒模型（如圖 9-5）。

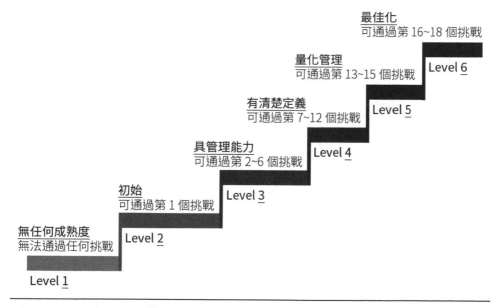

最佳化
可通過第 16~18 個挑戰

Level 6

量化管理
可通過第 13~15 個挑戰

Level 5

有清楚定義
可通過第 7~12 個挑戰

Level 4

具管理能力
可通過第 2~6 個挑戰

Level 3

初始
可通過第 1 個挑戰

Level 2

無任何成熟度
無法通過任何挑戰

Level 1

▲ 圖 9-5　DevOps 就緒模型 [4]

　　若繼續以 8.2 節為例，根據圖 9-5 就能夠知道「缺乏持續部署的基礎設施維護能力」和「不成熟的自動化部署工具」其實位於該模型的第 3 等級。換言之，對於希望部分採用 DevOps 實務做法的組織（如 8.2 節範例）來說，必須意識到這樣的做法就像是從一樓直接跳到三樓的概念，其難度可想而知。因此，推動者勢必要正確認知導入的難度，並且思考配套措施。比方說，根據組織服務的複雜度適度考量導入其他實務做法、設置行動護欄或放緩導入步調。當然若能採用如本節介紹的模型或其他模型來了解組織在期待和現況的整體落差，並且據此作為評估面向上的其中一個方式和透過評估後的落差來有計畫地導入其他實務做法，將會是較有系統性的做法。雖然看起來較為複雜，但其實冤枉路會少走很多，而且導入過程的能力培養上也會較為順利。

9.4 溝通管理

有充足的知識和實際經驗對於導入 DevOps 固然相當重要，但談到順利導入則相當有賴於高效溝通。所謂高效溝通包括與參與者的溝通，以及與利害關係人的溝通。任何一邊未能有效把握都會引發改變過程的阻礙和風險。雖然在 7.1 節介紹互動關係面向時，有提及溝通協定的概念，但為了能夠更進一步讓讀者把握高效溝通的技巧，本節將以對外溝通和對內領導兩個角度來探討一些溝通管理的重要概念。

▎對外溝通

通常對於導入團隊來說，對外溝通的主要目的是保持與利害關係人之間的資訊和目標一致，以便獲得重要支持或避免無謂的掣肘。為了達到這個目標，需要把握溝通的質與量。溝通的質建立在**妥適的內容和正確的應對**，而溝通的量建立於**正確的傳達方式和適當的頻率**。不過，除上述之外還有一個關鍵要點，那就是團隊內對外溝通方式的一致性，也就是說團隊內必須保持溝通方式的**透明性**，並且確保導入團隊的所有成員都能夠按照既定的溝通方式來進行溝通。

回顧一下 4.2 節的圖 4-5。該圖的目標就是建立一個簡單視覺化的溝通方式，以便達成上述的所有要點。這個方法受到《敏捷開發的藝術第二版》「情境」的啟發，並且結合參訪荷蘭皇家電信[1]（KPN）的所見與筆者經驗的實務做法。筆者稱之為「溝通雷達圖」。為了進行溝通雷達圖的繪製，請先準備便於黏貼便利貼的白板或大張白紙，接著進行以下步驟：

---

[1]　荷蘭皇家電信官方網站：https://www.kpn.com/。

步驟一：找出關係人

請團隊成員透過腦力激盪的方式，把所有可能影響導入目標或對導入目標感興趣的人列舉出來。務必在發想時一併思考該人物的職能或背景，以及影響的目的（不論好壞）和造成的影響。便利貼應該大致如圖 9-6。

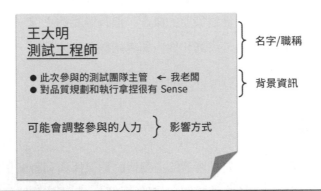

▲ 圖 9-6　關係人描述便利貼

步驟二：分類關係人

根據影響的目的和造成的影響合併便利貼，並且整合其上的資訊。通常代表人物能夠簡化為一人，但多個代表人物亦可。

步驟三：排序關係人

排序關係人的目的主要是為了風險管理和不同的溝通強度。團隊成員可以基於影響方式（直接、間接、其他）或影響後果的嚴重程度來進行排序。一般情況下，影響方式和影響後果的嚴重程度是相對應的。若兩者不一致，建議以後果的嚴重程度來作為排序依據會是比較好的選擇。不管基於哪個基準來進行分類，建議類別數量不要過多（大概 3~4 類即可）。

當分類完畢後，請在白板或白紙畫上與類別數量相同的同心圓，接著按照重要性在同心圓中由內至外寫上類別名稱，並將便利貼貼在對應的範圍內（如圖 9-7）。

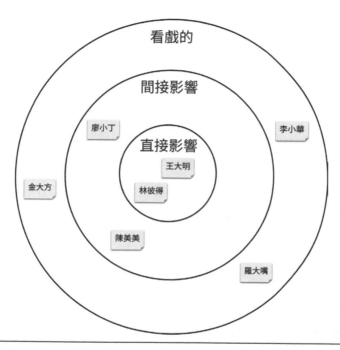

▲ 圖 9-7　溝通雷達圖（只有關係人）

步驟四：確認關係人溝通方式

當分類完畢後，請考量分類的急迫性為每張便利貼擬定溝通方式。通常相同範圍的便利貼會有相似的溝通準則。溝通方式應該至少包含以下要素：

● 溝通目的（通常與對象的影響目的有關）。

● 溝通管道與窗口。

● 溝通的負責人。

● 溝通形式和內容樣態。

● 溝通頻率。

擬定完成後，請使用另一張便利貼記錄擬定的內容，並貼在關係人的便利貼上。有時溝通方式可能會發生改變，所以不建議將溝通方式直接寫在關係人的便利貼上。此外，當完成所有關係人的溝通方式討論後，請所有成員退後一步重新審視填入的內容和分類，接著可以暫停活動十分鐘，讓成員喘口氣並且有時間重整剛才的討論。

步驟五：風險與應對

在討論風險和應對前，請再次詢問成員是否需要修改當前的討論，並且允許進行修改。接著就開始針對每個分類（每一層同心圓）討論當溝通後出現非正面回饋時，應該採取的措施。比方說，直接影響者對於某次溝通的內容（通常是進展或發現的問題）有所疑慮時，團隊應該採取什麼行動。

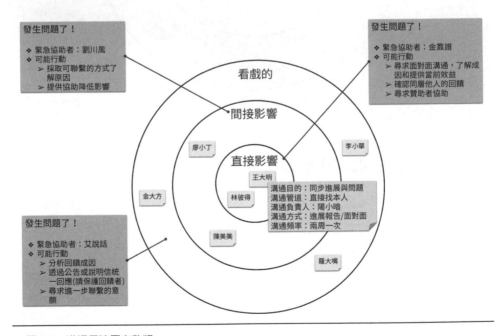

▲ 圖 9-8 溝通雷達圖完整版

當雷達圖完成後（如圖 9-8），請與成員溝通若任何人對於雷達圖有所疑慮時，請立即或在最近一次的會議中提出，並且請求所有成員進行討論。當推動者需要孤軍奮戰而沒有所謂變革團隊時，推動者可以簡單地透過試算表來完成上述資訊的發想。

此外，讀者可以從前文中發現排序關係人的步驟裡，仍特意保留了「其他」的分類。雖然該分類看起來有些雞肋，但其實在意外性這件事上往往扮演關鍵角色，尤其是當推動過程相當順遂的時候。組織的慣性往往會猶如抗體 [5] 一般，阻礙異物進入並且引發非預期的反應。即便變革能為組織帶來好處，而且實際上也開始帶來好處，但這有時反而會觸發組織裡不是這麼相關的成員的不安感，進而引發一些變革推動上的阻礙。

對內領導

在組織中，工作者通常能憑藉著對於工作的熟稔度來「穩定地」完成交辦的任務。DevOps 相關的新做法引入會改變工作者的熟稔度，並且使得工作者無法再穩定地預測自己的工作成果，所以工作者會感到不安。領導者需要適時地運用有效溝通來展現領導力，進而引導成員往前邁進。因此，推動者在規劃導入 DevOps 的時候，在互動關係面向上除了強化與各團隊領導者的溝通以外，還必須提供領導（包含推動者本身）相關的支持和培養，以便協助參與改變的成員得以順利渡過這段不適的時期。

關於領導力的培養，應該要把握三個關鍵要素：

心理安全

當工作者對發表想法感到不安，工作者就會傾向不發表想法或轉往非正式的管道來發出聲音，而使得團隊喪失改善的機會或產生不必要的阻礙。當然在這樣的

情況下，也就更不用討論關於團隊自主性的議題。心理安全的議題通常相當複雜，因為它可能會和組織產業類別有相關性。在越是不能犯錯的產業，心理安全往往較不容易培養。這倒不是說鼓勵成員只是勇敢地犯錯或對於錯誤視而不見，而是鼓勵成員具有風險管理意識並且在有明確良善目的下進行嘗試並且面對可能發生的錯誤。當非預期的錯誤發生時，組織應該聚焦於事情和改善，並且從系統的角度來思考如何避免錯誤的發生，而不是急於透過簡單的根因分析抓出兇手，並且予以判刑。這通常只會使得錯誤在團隊中下沉，並且在錯誤無法再被遮掩時爆發出來。

若推動者意識到組織內的心理安全仍不足，然而新做法可能發生錯誤時，應該思考如何透過影響窗口和行動護欄來限縮錯誤發生時的風險，以及從組織結構上來著手試驗型團隊。同時與團隊成員積極地溝通未來的改變和可能發生的錯誤與應對方式，並且尋求成員的參與意願。一旦試驗型團隊順利發展，也務必在進一步擴展至全組織時，謹記試驗型團隊的特殊性。新做法導入很多時候在試驗型團隊都能獲得不錯的成果，但卻難以持續並且擴展到全組織裡。這可能是組織的政策和管理措施和試驗團隊之間存在落差導致。推動者應該思考兩者落差並且尋求贊助者的認同，然後有計畫地將新做法逐步擴展到組織裡。

心理不安全往往來自於對後果的畏懼。推動者應該把握系統性思考、限縮風險和對事不對人的改善原則來提升組織或團隊內成員的安全感受。若是心理安全一直無法在團隊內或組織內萌芽，而新做法又需要較多的安全感時，請尋求組織內的資深管理者、人資專家或外部專家的協助，以便少走些冤枉路。

聆聽

聆聽對於促進心理安全有相當重要的影響，同時也可以化解參與者對於改變的不解和憤怒。不過聆聽有兩個面向需要考量。第一個面向是促進參與者能夠聽見彼此的聲音，而第二個面向則是領導者需要能夠聽見參與者的聲音。

實務上，聆聽不只是種行為。聆聽代表溝通雙方願意放慢腳步以不同角度來思考問題，並且相信對方也願意如此。因此，推動者和領導者應當鼓勵意見的多樣性，並且注意在團體討論過程中是否有人的意見被忽略了和被巧妙地變成他人的意見，適時地為被忽略的聲音創造發聲的機會，並且表彰原創意見的提出者。

當推動者或領導者在聽取參與者的想法和意見時，應該把握五個原則：

- 讓對方說完。

- 確認是否正確地了解對方的想法。

- 詢問是否需要協助，以及哪種協助。

- 不隨波逐流，溫和且穩定地和提出者互動並且尋求理解。

- 採取行動。

聆聽並且讓參與者願意讓你聆聽並不是一件容易的事情。感同身受有時並不是件能夠努力的事情，但誠信、開放態度和行動力則是推動者和領導者可以持續努力和展現的特質，而這三個特質會協助推動者和領導者越過感同身受的門檻，順利地推動變革。

動機與促進

動機與促進一言以蔽之就是讓參與者有往前邁進的理由。常見的管理方式就是透過績效管理和獎懲措施來實現。建議讀者可以翻閱一些人資管理的相關書籍來學習更多的細節。雖說績效和獎懲是相當直觀的做法，但其實挖掘動機和促進發展的契機點很多時候就發生在日常營運的每一天。因此，推動者和領導者應該對於人是如何接受外部訊息並且採取行動，以及行動後果對本身日後行為的影響有一定的了解。在行為學領域裡的「ABC 模型」（如圖 9-9 ）可以用來解釋這個概念。

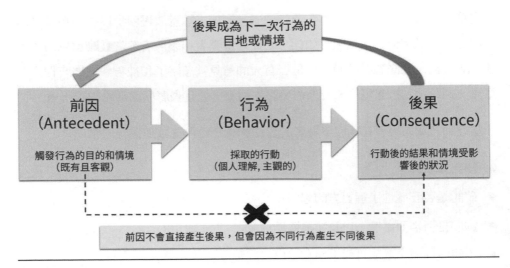

▲ 圖 9-9　ABC 模型

圖 9-9 的 A 代表 Activating Event（觸發事件）或 Antecedent（前因），B 代表 Belief（信念）或 Behavior（行為），C 代表 Consequence（後果）。人採取行動總有前因，並且根據自己所認為的價值來產生行動，接著便會產生結果。前因和後果本身是客觀的，然而居中的信念與行為確是主觀且因人而異的。因此，事情本身對人並不會直接產生影響，而對人產生直接影響的是個人的想法。

舉個例子來說，桌上擺了供大家自由取用的菠蘿泡芙，有些人喜歡吃菠蘿泡芙，他便會伸手去拿來吃，吃完之後覺得相當不錯，就會想要多吃一個。反之，對於不喜歡吃菠蘿泡芙的人，即便桌上擺了菠蘿泡芙也不會有太多的反應，可能會直接忽略或想辦法與他人分食後，然後更加肯定了自己不喜歡，接著就忽略這件事情。

基礎上，我們並不容易迅速動搖習以為常的信念，但可以透過改變「接收到的資訊」或「結果的反饋」來引導和促進參與者更快地適應改變和逐漸調整所認可的信念和價值。

- ● 改變接受到的資訊（前因）

  推動者或領導者可以透過提供更多的資訊來引發參與者的興趣和認同，並且進一步的採取行動。這類做法通常包括高層領導的說明、專業講座、培訓或組織內的廣宣活動來達成。這類做法通常較容易耗費額外成本，但比較容易提升參與者的意願和培養自主性。

- ● 結果的反饋（後果）

  運用結果的反饋是組織最常採取的方式，比方說績效管理和獎懲措施。基本上的概念就是透過影響參與者行為的後果樣貌來引導或避免參與者的某種行為發生，所以提供讓人想要的結果、告知結果可能引發的問題和不予回應等都是這類方式的做法。不過採取此類做法時，應該要注意可能造成的心理不安全狀態，而且自主性較難在這種方式下茁壯。若組織需要面對變化相當快的環境時，缺乏自主性可能是致命的。當然絕對不是說績效管理或獎懲措施的做法不好，而是要適可而止，因為這類做法通常容易讓組織成員只是停留於外在事物好與壞的追求。推動者和領導者應該思考如何運用結果來激發或挖掘組織成員對內在追求價值的渴望，以便讓績效獎懲這類做法能與自主性培養上取得平衡。比方說，讓團隊成員對自己的交付成果感到驕傲並且保有持續維持卓越的想法。這樣不僅能提高團隊的凝聚力，也能夠讓團隊成員為了獲得更好成果而努力。

《敏捷開發的藝術第二版》的〈共享領導力〉一節對於領導力提供了有別於一般傳統領導力的想法。這些領導力巧妙地含括溝通和引導的相關概念，並且促進團隊心理安全的發展，建議有興趣的讀者也可以進一步閱讀。

溝通管理是一種隱性投資，不容易取得立竿見影且持久的效果，但它所帶來的效益或影響卻是相當廣泛且有力量的。當規劃任何改變時，推動者都應該仔細思考如何建立良善溝通管道與提升組織的領導力，而這也是所有變革模型的運用方法中共通的議題。

9.5 總結

　　無論導入範圍的大或小，都會運用到本章提及的四個主題，分別是進行規劃、決策模式、評估和溝通，差異只在於複雜程度而非領域。筆者在過去的經驗裡，時常會遇到相當優秀的工程人員並且感受到他們對於新技術、卓越和變得更好的期待與熱情，然而卻在推動改變時遭遇挫折。背後的原因可能是因為不擅長引導多元人才進行規劃、可能是未能正確辨識決策情境的改變而只能閉上眼永遠同一招、可能是只著重於工程方面的評估方式或可能是不知道要如何對外和對內溝通。不管可能的原因是什麼，最終結果就只剩下消退的熱情和求去的心情。這對於個人或組織來說都是雙輸的局面。本書的讀者想必都是對卓越有所期待，並且忘情於 DevOps 或任何工程實務做法的實踐者，建議讀者能多投資一些時間在這類主題之上，以便讓自己想法能夠順利地落地。

　　本章閱讀完後，你是否對於運轉改變的管理技巧有更多的了解呢？試著回答以下問題，順便回顧一下本章內容：

1. 引導規劃會議進行有哪些步驟呢？

2. 我們總是能完美的規劃導入，所以得出總結後就無須改變且不能改變了，是嗎？

3. Cynefin 主要有幾種情境呢？每個情境可以採取的應對方式為何？

4. 關於 DevOps 導入，常見有哪幾種面向的評估方式呢？

5. 完成溝通雷達圖有哪些步驟呢？

6. 什麼是 ABC 模型，能如何運用它？

參考資料

[1] Snowden, D. J., & Boone, M. E. (2007, November). A Leader's Framework for Decision Making. Harvard Business Review. https://hbr.org/2007/11/a-leaders-framework-for-decision-making.

[2] Cynefin.io(2022, June 21). Cynefin Dynamics. https://cynefin.io/wiki/Cynefin_Dynamics.

[3] Daskalantonakis, M. K. (1994). Achieving higher SEI levels. IEEE software, 11(4), 17-24.

[4] Rafi, S., Yu, W., Akbar, M. A., Mahmood, S., Alsanad, A., & Gumaei, A. (2021). Readiness model for DevOps implementation in software organizations. Journal of Software: Evolution and Process, 33(4), e2323.

[5] Cockburn, A. (2014, February 23). Organizational Antibodies. https://wiki.c2.com/?AlistairCockburn.

POWERS 與 DevOps 實務做法

✑ 前言

　　誠如本書一直提到的概念，DevOps 屬於敏捷，並且幫助敏捷打通了通往維運側的道路。這使得敏捷在 DevOps 的框架下覆蓋了完整的軟體開發生命週期。導入 DevOps 代表著對整個開發系統的變革。推動者可以選擇完整導入或者只採用部分的實務做法，不過即便是完整導入，推動者仍可能分階段地進行改變。因此，推動者需要把握 DevOps 相關實務做法，也需要了解導入這些做法是可能產生的影響並且據此思考應對措施。

　　本章將以需求、設計、實作、變更上線、維運五個類別為範圍，並且透過 POWERS 的六面向來說明如何使用最佳實務做法以及使用時可能出現的影響和應對措施。介紹的方式會以六個面向來分別描述，描述上只會以做法共通範圍的部分來說明。比方說，影響窗口可以論及運算環境。如果該實務做法和運算環境並無直接關係，但實際應用情境需要討論此部分的影響時，介紹內容並不會包含此部分的討論。讀者仍需要關注所處環境和需求的樣貌，並且做出調整。

10.1　調適性規劃

▌流程

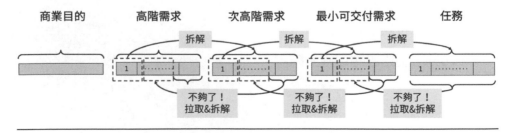

▲ 圖 10-1　調適性規劃進行方式

調適性規劃允許團隊在商業目的明確後，將目的拆解成數個較大顆粒的高階需求，接著僅對最重要的高階需求進行拆解，然後根據此原則拆解出次高階需求和最小可交付需求 [1]，直到產生足夠滿足 1~2 次迭代週期的最小可交付需求即可。隨著迭代週期的進行，最小可交付需求的數量也會隨之減少，推動者可以按照拆解活動的觸發條件來往抽象度大一級方向拉取當前最重要的數個需求來進行拆解。當需求尚未被排入迭代週期前，不管哪種抽象度的需求均可進行新增和修改，只不過當發生需求刪除時，需要決定如何處理抽象度較小的從屬子需求。

比方說，若文書編輯器高階需求為選單中的插入功能，則下一層的次高階需求可以是插入特殊字元，接著是特殊字元中的選擇特殊字元類別，條列該類別的特殊字元、預覽特殊字元和插入等最小可交付需求。

調適性規劃是拉式規劃的一種具體實現方式，至於觸發拉取的條件則端看實踐者的需求拆解程度、迭代週期、迭代可完成故事數量和組織面對市場的交付規律（比方說每個季度就有重要發布）而定。如果組織傾向一開始不分重要性就要求許多需求細節，那就會降低拉式規劃帶來的可調適性，這部分是推動者需要和贊助者與參與者溝通與調整的地方。

▌目標

響應市場變化，提高軟體開發的商業價值。

---

[1] 需求可以按細節程度拆解成數種具不同抽象度的需求。最小可交付需求通常可以在 1~3 天內完成。

▌ 影響窗口

調適性規劃的起點從提案之初就開始，因此它覆蓋的範圍包含完整商業交付的所有需求和實作團隊，所以有：

- 產品或專案的贊助者或主要負責人。
- 銷售或業務代表。
- 產品或專案經理。
- UX、測試、開發和維運相關團隊。

適應性規劃會與組織的專案與產品治理方式有關。適應性規劃的概念是僅對近期且重要的需求進行仔細分析，然後進行實作，但組織對於專案或產品的異動或提案的細節要求不一。最推薦的做法是不要為重要性較低或優先級別較低的大需求做過多的拆解和細節化。因為細節性的規劃覆蓋範圍越大，規劃期就越長，而需求發生變化時的浪費就越明顯。專案和產品的可預測性和可調適性之間的平衡是適應性規劃的關鍵所在，而這個關鍵會影響組織既有規則。推動者應該注意這部分的影響，來調整本做法、專案與產品和執行週期之間的關係。

▌ 評估

評估上建議從兩個面向著手，分別是導入成效與組織支持狀況。比方說，導入成效部分可以考慮迭代產能的穩定程度、迭代失敗頻率、需求變更影響迭代進行頻率、變更產生的商業價值和錯失的商業價值等，而組織支持部分可以考慮成員對於迭代的滿意程度、業務單位對於產出的滿意程度、高階管理者對於培訓和相關支持的強度等。

組織支持的狀況往往較難以數值來評估，推動者參考第九章的摩托羅拉評估工具的概念來進行評估也是一種很好的做法。除了考慮成效，也考慮了支持狀況，

這是因為這類實務做法導入非常需要組織的支持，而且成效對於支持強度具有促進效果。此外，若發現成效和支持脫軌可能正象徵某種風險狀況，或者是支持遲遲未能到位，也可能是組織尚未準備好接受這個實務做法的現象。

> 📖 **參考**
>
> p.9-19, 9.3 節〈評估落差與進展〉

▌ 互動關係

　　調適性規劃的成功與否有賴於成熟的交付能力。換言之，團隊能夠有節奏且穩定地實現需求，並且進行交付，也才能夠取得組織內外各方面的回饋與信任，並且讓調適性規劃能持續發展下去。不過，速度的背後需要思考對應的業務領域是否有合規與安全方面的非功能性常態需求，並且將這些需求以政策形式要求採取的團隊遵守。此外，調適性對於資訊與期望一致有很大的要求，推動者應該做好利害關係人的期望與溝通理。比方說，定期召開展示會尋求回饋與認同，或是週期性地彙整交付成果給利害關係人等。

▌ 結構

　　調適性規劃需要一個跨職能的完整團隊。該完整團隊應該包含商業人員到維運人員等多種足以獨立完成某個商業交付的所有角色。通常，高度分工的組織會需要形成跨組織的橫向團隊來作為導入此實務做法的試驗團隊。不過，推動者仍然需要思考之後擴展至全組織的議題，一般來說，建議考慮以垂直規模化的概念來建立可獨立交付商業價值的團隊，並且以此單位橫向推廣至全組織（如圖 7-4，詳見 7-19 頁）。若組織環境無法形成完整的跨職能團隊，推動者應該思考從交付團隊中找尋意願者，並且培訓他來補足缺漏的角色，以便解決資訊延遲與一致性的問題。

　　此外，推動者也需要思考專案或產品的結構調整。調適性規劃對需求細節和安排方式的做法和傳統做法不同，所以當導入時，會需要調整專案或產品的原先結構方式來讓專案或產品內的人和資源可以和新做法整合。

10.2 增量式需求

▌流程

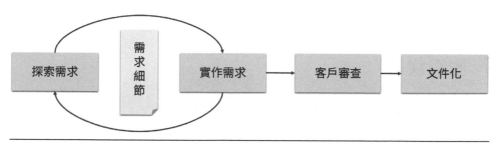

▲ 圖 10-2　增量式需求進行方式

　　增量式需求的關鍵概念在於需求細節只在即將實現它時才完整地被確認,而且確認過程中會透過與需求者的互動來獲得操作細節與範例和完整的驗收條件。此處的需求不僅包含了功能性的內容,也包含了非功能性的內容,因此需求者會包含維運或安全人員。

　　如圖 10-2,需求被拆解出來後,業務代表、產品或專案經理、測試人員、維運人員或安全人員會針對即將被處理的故事進行細節探討,以便當需求排入迭代時,開發人員能夠無縫地取用定義好的需求來進行實作。不過,需求有時並不容易拍板定案之後就完全不變,倒不如說更多時候是需求者看到結果後才有更多的反饋,所以在實作需求後便會進行客戶審查。產生需求細節、實作需求和客戶審查這三個步驟經常會出現往復的狀況,但此處的往復是為了讓需求更貼近需求,而不是為了除錯而存在。在一切塵埃落定後,請務必思考保留必要的文件,以便日後參考之用。敏捷裡的故事通常更像是關鍵回憶點,來讓討論者可以從關鍵之處開始進行討論,所以若組織有其他知識或維運文件的需要時,此實務做法並非不做文件的理由,而是用來減少無謂文件和無可奈何的文件同步任務。

增量式需求和調適性規劃一樣都屬於拉式規劃的概念，不過兩者均有賴於組織和團隊在增量開發能力和演進式架構上投資。

目標

減少需求變更帶來的不必要浪費，以及需求和實作產出之間的落差。

影響窗口

增量式需求需要客戶端的高度參與以及測試人員、安全人員和維運人員的適時回饋，才能讓需求細節符合實際需要。此外，由於可能需要逐步細化需求，團隊可能會採用故事對照、影響對照和面對面訪談等方法。這類做法會需要相關討論人員同處一個實體環境，這樣才會有比較好的效果。因此，提供一個好的互動空間對於此實務做法有相當大的幫助。若組織過於龐大而團隊並非跨職能團隊的話，可能會遭遇溝通討論上的問題。推動者應該在必須遠距溝通時，提供必要的工具協助或是交通上的幫助。

由於相關的人員可能來自不同團隊，彼此之間的工作節奏不同也會造成討論上的困難，所以推動者應該為團隊建立好的節奏和討論的規律，以便提高人員的參與度。另外，若以小範圍試驗的方式來進行時，最好選擇需求變動較大的專案或產品，而且該專案或產品最好在合規、安全或穩定性上的需求相對低。這樣可以讓試驗的團隊有較多犯錯的空間來正確地適應本做法，並且找到適合組織的真實做法。

評估

以筆者的經驗來看，增量式需求的重點在於消除需求和實作之間的落差，以便提升客戶滿意度，所以在評估本實務做法的落實狀況和相關效益時，應該至少包

含客戶滿意度,並且考量需求討論的狀況,比方說需求討論的參與度、實作與需求不一致的回工頻率和迭代產能的穩定程度等。

▌互動關係

增量式需求把需求者看作真正的需求文件,因此尋求與需求者之間的互動並且對齊彼此的期待,然而需求方與工程方之間的語言落差很可能最終使得討論過程毫無效率可言,而且與不同人員協作討論不僅需要確保彼此時間,還需要在有意外狀況時能及時獲得協助。因此,溝通協定的建立是本實務做法是否能夠順利開展的關鍵任務。

此外,推動者需要注意的是拉式規劃固然能夠帶來經濟性,但對於有高度合規或高風險系統時,對於所構築的系統會有更多穩定性和安全性的需要。在這種狀況下,透過行動護欄的概念來為軟體系統定義架構性的保護原則相當重要,比方說系統擴展性要求或系統安全等級的要求等,來避免增量式做法所帶來的不必要疑慮。在流程面向時也有討論到文件的議題,推動者也應該視組織的需要為文件的格式與實現設計統一的做法,來避免重要文件未被保留或造成合規上的問題。

▌結構

增量式需求的做法與調適性規劃一樣,需要跨職能的團隊來形成一個具備完整交付能力的團隊。因此,若推動者希望先透過試驗的方式來導入此實務做法時,最好能夠以跨職能的團隊來進行,並且在未來考慮將此做法規模化時,以具備完整交付業務產出的團隊作為單位來推廣到全組織。

此外,推動者可能要考慮引導組織成員成立一些非制式興趣團體來熟悉需求探索時會採用的相關方法,比方說故事對照或影響對照等方式。這種做法對於採用試驗方式來導入也一樣有所幫助,甚至可以協助日後的規模化。

10.3 微服務

▋ 流程

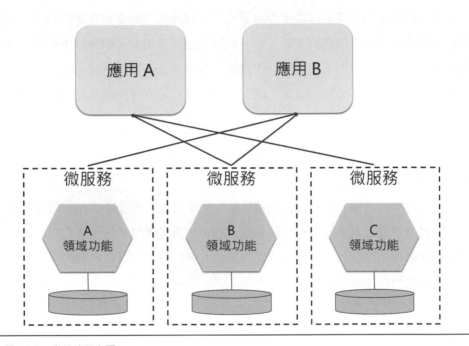

▲ 圖 10-3 微服務示意圖

微服務（如圖 10-4）是一種系統設計上的技術。它透過讓單一服務聚焦於某單一領域的功能來提高系統的擴展性和彈性，並且也提供了軟體系統在技術變更與採用上的空間。此外，由於服務功能不再包山包海，也減輕維護或變更上的負擔。微服務設計是一個相當獨立且複雜的主題，建議讀者不妨閱讀相關書籍。微服務設計會和業務功能對齊，但有時運用單體式設計和模組化設計也是很好的選擇，請在採用微服務前考慮一下問題：

- 系統所對應的商業模式穩定嗎？

- 系統所需的領域知識把握度高嗎？系統單純且複雜度不高，採用單體式設計是否更為經濟實惠？

- 工程資源和商業價值是否能夠支撐後續的維護？

微服務採用上不外乎要處理兩種情境：

- **新系統的建立**

  如同前文所說，微服務聚焦獨立功能，所以如何識別系統內不同類型獨立功能，對於採用微服務來說是相當重要的事情。因為不完善的服務切割會使得微服務在部署與更新上產生更大的問題。目前常見的設計方法是領域驅動設計。

- **既有系統的改善**

  若希望將既有系統逐步轉換為微服務架構，請先為系統的測試完善程度進行健檢（至少測試包含確保系統架構、功能和非功能需求上的正確性）。架構翻動通常會影響系統的穩定性，甚至導致原來的功能出問題，所以有好的測試將能幫助實作者避開轉換過程中不必要的錯誤。當測試確保後，可以透過絞殺者模式和修繕者模式來逐步地汰換原來單體式服務裡的功能（如圖 10-4），直到原來的單體式服務不再需要提供服務而下線或純化為另一個獨立的微服務。

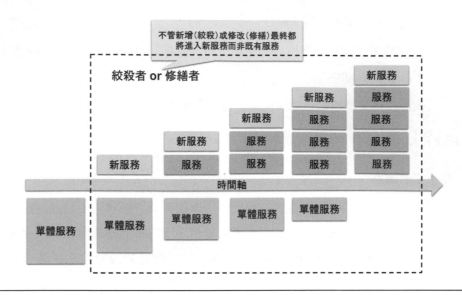

▲ 圖 10-4　透過絞殺者或修繕者模式縮減既有服務 [1] ※2

▌目標

提升系統的擴展性、彈性和可維護性，並且為組織帶來更好的敏捷力。

▌影響窗口

　　微服務相當需要開發人員、維運人員和測試人員三者的合作，因此這三類角色都會在採用微服務時受到影響。此外，微服務也會影響到運算環境的技術採用，所以當考慮採用微服務時，也必須考慮目前運算資源是否能夠支撐微服務的妥善

※2　此圖呈現方式原僅用於解釋絞殺者模式。修繕者模式會在不增加系統功能的情況下，
　　透過妥善介面隔離與新方式來修改既有功能實作方式，進而可以把隔離出的部分轉換
　　為獨立的小服務達到拆解原有大服務的目的。因此，本圖借用原圖呈現概念，並且擴
　　展新服務所代表的意思，也就是指新隔離出的服務或搭載新功能的服務。

運行（至少包含服務運行環境、服務調度機制和用來記錄與追蹤微服務的日誌與監控系統等）。當考慮轉換既有系統時，按照系統大小與複雜程度的不同轉換週期也不同（以年計算），所以需要考慮該系統的商業價值與生命週期。

▌評估

用來評估微服務導入成效的指標相當多，下列僅列出部分可運用的指標。推動者應在選擇指標時，應該思考與導入目標或贊助者關心的主題匹配的指標來做為導入進展的評估指標。微服務導入成效的相關指標，可以從維運、開發和商業三個角度來看：

維運

響應時間、請求吞吐量、可擴展性（了解服務是否能按照需要擴增或縮減運行實體）、故障恢復速度和故障影響程度等。

開發

變更上線的頻率和變更上線的速度等。

商業

成本效益（如前文所述，微服務有運行上的複雜度，推動者需要注意採用和所帶來的商業效益是否平衡）和客戶滿意度（請考量服務穩定性和需求響應的影響）。

互動關係

微服務的導入會對技術、交付和維護三個方面產生影響，比方說技術和工具的採用變得多元、交付物從原來的執行檔或二進位檔案變成容器映像檔，或是為了更好管控微服務使得原先日誌需求產生變化和監控工具產生變化等。這些事情都會對開發人員和維運人員產生壓力，尤其是維運人員。因此，推動者需要為了促進兩者的穩定互動需要引導雙方建立可持續的溝通協定和決策原則，比方說兩方建立專屬窗口和協作模式，以及透過技術與工具盤點來建立在新工具採用的共通判斷準則，來避免不必要的爭論。

結構

為了能強化組織成員對於微服務架構的認識和能力，推動者應當透過組織內的技術性社群或分享來強化相關技能的交流和深化，以便讓成員能對於新技術的採用有更多認識並且少些擔憂。推動者需要強化開發和維運之間的協同合作，才能夠對微服務的後續維護和事故因應有更好的掌握。具體的做法除了跨職能團隊之外，也能透過培訓過程中的人員安排和人員職能暫時性的調動來加深彼此在服務特性和工具運用上的了解。此外，推動者要針對開發和維運人員之間的工作職責做出明確的定義，但鼓勵團隊彼此協助幫忙（比方說團隊內獎勵制度或 360 度評比等）。

此外，除了人員結構上的影響外，微服務對既有系統的原始結構也無可避免地會產生影響，所以推動者需要和研發團隊討論系統結構應該要如何進行調整或設計，以便逐步地將微服務導入既有系統，而不會對系統穩定性產生傷害。比方說，先界定導入微服務架構的系統範圍並且繪製預期的架構，然後進行防損毀層的實作和採用絞殺者模式慢慢導入微服務。

10.4 演進式架構

▍流程

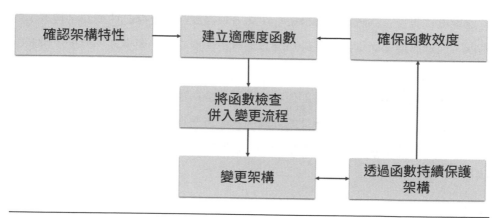

▲ 圖 10-5　演進式架構進行方式

　演進式架構的三個關鍵概念是：

只做剛好但不限制發展的設計

　　實作時，只對客觀上有需要進行巧妙設計之處進行設計，否則只要實作出能解決需求的程式碼即可，不需要為了符合某種樣式、假設性的需求或習慣性（除非是組織或團隊的程式標準）與安全感而設計。舉例來說，過早地提煉抽象層或建立配接器（Adapter）。有時會因為習慣而使得在程式碼並未出現某種共享概念或有抽換底層實作需求之前，便過早地提煉出抽象層或純粹地建立 1：1 配接口，結果是產生許多相互耦合但沒有效益的冗餘程式碼和滿手的技術債。

只要系統壽命夠長，變更往往是不可避免的，因此逐步按需要進行改善即可，而不是想要在一開始便做完所有設計，然後希望穩定不變。架構設計跟需求一樣不容易預測，只要在最後可掌握的時刻做出改變即可。

適應度（Fitness）函數 [2]

適應度代表符合系統某種架構特性（比方說擴展性、可測試性或安全性等）的情況，而適應度函數則是指用於檢驗該架構特性需求的一組規則，以便了解新的變更是否能夠適應架構上的需求。因此，透過即時地運用適應度函數對變更進行檢驗，可以確保架構上的特性即便在修改下也能持續被維持在允許的程度內，而不會發生因為變更而導致系統性的問題。為了方便進行檢驗，將適應度函數檢驗自動化也是採用演進式架構的重要做法。適應度函數的類型最簡單的分類方式有兩種：

● **範圍**

若是某一特性可以透過一組規則來檢查，則該組規則構成的適應度函數稱為原子型適應度函數。若某一特性需要透過多個特性被確認後，才能得出結果。那麼由檢驗多種特性的多組規則所構成的適應度函數稱為整體型適應度函數（比方說可靠性或安全性這類型的適應度函數多為整體型）。

● **頻率**

按照執行檢驗的頻率可以分成兩類。一類為因為某種條件或事件觸發檢驗的觸發型適應度函數，而另一類則是在某段時間內持續不間斷地進行檢驗的持續型適應度函數。

適應度函數是保護架構特性的關鍵手段，不過按照實際情況的變化，適應度函數也需要持續改善或去除，而不是把適應度函數當作鐵則，只加不修也不刪地持續添加新規則，這樣也會使得系統累積新的技術債務並且產生浪費。

從理想到現實

在設想系統架構時，應該先假設所有運行條件均處於理想狀態下，做出第一版的架構設計。此時的設計通常較為簡潔且以需求為主軸，接著再開始逐步加入運算資源、網路環境和工具技術等條件，然後對架構做出修改。這類做法可以讓設計者了解系統修改的慣性和傾向，並且做出較為簡潔的設計。

演進式架構和微服務一樣都會對既有系統進行明顯地翻整。通常這類活動的第一步永遠是檢查系統相關測試的完整程度，而且以演進式架構的角度來說，設計者也需要盤點需要守護的系統架構特性，並且為這些特性設計需要的適應度函數。當這些測試和適應度函數確認且建置完畢後，才能進行明顯的變更。讓測試保護變更是調整架構時很重要的關鍵。

▌目標

去除架構不需要的設計，並且讓系統可以在安全情況下下持續做出必要的架構變更。

▌影響窗口

軟體系統架構的特性是種非功能性的需求，而這些需求會來自商業端、維運端、測試端和安全端。因此，按照組織的分工差異，影響範圍可能是跨單位也可能是在同一個大團隊內，但上述所有相關職能的人員都會受到影響。

導入改變架構的相關做法都可能帶來系統性上的風險，而且架構改善通常難與商業價值有直觀上的關聯或受到商業端的支持。因此，需要考慮系統服務較不吃緊的週期或建立相仿的運算環境來進行實驗與變更。若採用試驗環境來進行調整，最好整理變更流程、分支模式和組態管理方式，來確保不同環境之間的差異性導致最終上線的問題。

評估

演進式架構的相關適應度函數的檢測結果都可以作為評估指標。除此之外，推動者可以透過盤點與訪談確認架構特性後，追蹤適應度函數的覆蓋度和效度。推動者也可以追蹤變更失敗頻率的變化與臭蟲率和搭配成因，來了解架構保護的狀況或成員的技能狀況。演進式架構往往需要提供培訓等支持，才能夠正確運用。

互動關係

演進式架構通常要搭配好的程式風格和審查，所以需要引導開發團隊建立程式碼撰寫的標準規範。此外，需要為不同的適應度函數建立不同的通報管道，以便讓相關人員知道目前架構特性的監控狀況。最好的做法是提供查閱的儀表板，以及當觸發重要條件時的通報方式，比方說信件或即時訊息。此外，這類通報觸發時，請建立需要採取的行動。若該通報訊息沒有任何需要採取的行動時，那麼很可能適合的做法是讓該訊息留在儀表板上即可。

為了能夠引導各個團隊在思考架構特性時，能夠符合組織價值與政策，推動者應該運用行動護欄的概念來達成這個目標。此外演進式架構設計方式可能有別於習慣性實作思維，這對於一些資深工程師來說並不是那麼容易接受，推動者和領導者務必為此狀況思考因應對策，並且透過溝通來對齊成員之間的期待。

結構

推動者務必思考組織內的技術社群、分享交流平台和類似黑客松等活動來讓相關技術設計的議題可以在組織內流通並且尋求嶄新的解答。

10.5　功能開關（Feature Toggle）

▌ 流程

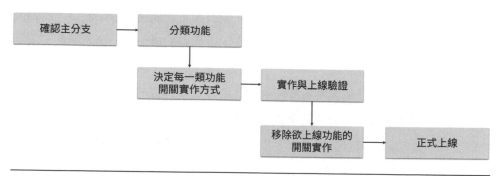

▲ 圖 10-6　功能開關運用方式

　　當採用持續整合的方式來進行開發時，分支的生命週期通常不長，釋出分支和主要分支之間的差異不大，這種時候可能會使得尚在開發中的功能也需要跟著上線。開發團隊會需要一種工具來讓尚不希望被使用的功能也能一併交付上線。這種做法就是功能開關。如同它的名稱，它的機制就像是一個開關，可以開放功能被使用，也能關閉被使用。在實現上有兩種方式：

不與公開介面整合

　　這類做法常見於有前端介面的應用上。開發團隊可以於後端實作所有的功能，但並不將功能整合到前端介面或整合到另一個即將上線但未公開的新版本前端服務。在尚未與任何前端介面整合之前，新實作的測試會透過方法介面的呼叫來進行。

運用組態控制功能的開放

透過取用運算環境的組態值,來決定功能的繞送。簡單來說,透過條件判斷來決定運行時的功能使用與否。這類做法還能實作權柄來提供額外判斷條件,以便因應較為複雜的測試和展示需求,例如 A/B 測試。

由於此類做法的用途在於避免未正式採用或公開的功能被非預期使用,並且及早發現整合程式碼的問題和潛在的合併衝突。這代表功能仍處於測試階段,所以開發與維運團隊應當注意測試時產生的資料管理,以便在公開後能夠保持系統資料的完整性,以及測試與開發過程不會因為過程資料導致結果出現問題。此外,功能開關並非權限管理功能。若有此類需求,請按照情境上的需要來安排相關的功能實作。當功能明確且公開之後,相關的功能開關請務必進行移除,以避免不必要的系統風險。

█ 目標

- 提高分支管理效率和避免合併衝突。
- 管理未開放的功能,並且提高開發與測試的效率。
- 了解功能的適切性。

█ 影響窗口

功能開關在使用上與開發人員、測試人員和維運人員最相關。開發人員需要和維運人員協作來安排相關的運算資源和設計合適的組態,以及規劃正式對外公開時是否需要進行任何額外處理,比方說資料庫的資料。此外,開發人員需要和測試人員討論如何對已經合併但尚未公開的功能進行測試。若使用功能開關是因為 A/B 測試,就會需要資料相關的工程師和業務領域相關專家的加入,以便可以從測試中獲得洞見並且做出商業上的決策。

　　功能開關在功能開發初期導入最好，已經開發一陣子且稍具複雜度的功能可能不適合作為初次導入的對象。此外，運算資源的安排和配置可能會需要額外的處理與投資。

▍評估

　　考量導入功能開關的目標，評估可以從三個面向來思考。首先是開發合併衝突的頻率、因衝突產生的回工狀況、分支的生命週期、分支的數量增減趨勢；其次是開發和測試之間的排工等待狀況與準備問題；最後則是使用者體驗和功能使用率之類的商業指標。

▍互動關係

　　行動護欄在這個實務做法中相當重要，主要原因是功能開關某種程度上仍是透出接口到運算環境裡。推動者應該對組態、運算環境、網路和測試資料等管理思考對應的保護政策，來提升服務的安全性。比方說，未正式開放的功能僅能在組織內的辦公網域存取，或是試驗性的對外服務應符合組織相關的安全測試要求並且進行監控等。

▍結構

　　開發和維運人員之間的協作對於功能開關的實現有相當大的幫助。推動者應該強化雙方之間的合作關係，並且透過讓開發人員與維運人員暫時組成團隊來思考本做法導入的相關機制設計與實現。同時，推動者也需要考量日後擴展到更多系統和團隊的狀況，來進一步規劃自助式的工具方便日後功能開關的運用。此外，功能開關會對系統的資料流或存取方式等要素產生影響，推動者也應該和研發團隊針對系統結構可能發生的變動進行討論並找出解決方式。

10.6　持續整合

▌流程

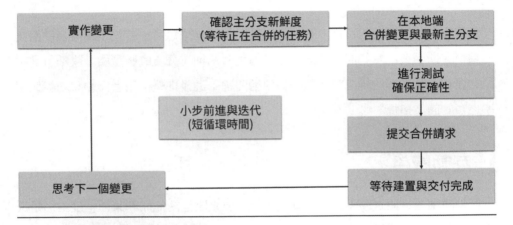

▲ 圖 10-7　持續整合進行方式

　　首先，持續整合是一種實務上的做法，而非代表自動化機制或自動化工具。持續整合的確會運用工具和自動化來提升持續整合的效率，但這並不代表持續整合的核心價值與精神。持續整合的基礎概念在於以短週期的方式提交變更，來縮小主幹和所有發展中變更之間的落差，以便讓合併衝突的發生機率和規模降到最低。

　　持續整合實施上需要把握的關鍵點是「在正確的實作上疊加正確的實作」。因此，持續整合的第一步驟通常是確保當前主幹上的實作是正確無誤的，所以如果當前主幹正在進行合併和相關建置與交付時，請先等待其執行結果。若一切確認無誤時，便可以將主幹上的實作同步回本地端並且和變更進行合併，然後進行相關的測試。在一切正確無誤時，便可以執行提交。在提交之後，便是等待與確認此次提交觸發的建置和交付能夠正常完成。

不過,由於目前工具運用多能配合多工的邏輯並且搭配程式碼審查相關關卡,所以在實現持續整合的步驟上,可以考量以下兩個問題:

- 分支內容更新是否提供自動檢測的機制,並且確保檢測時長不超過 10 分鐘。
- 檢測或建置時間過長,是否採用分階段的方式(快的先做再合併進行耗時檢測,但需要規劃取消變更的機制)來進行。

經常進行變更的合併會使得每次變更範圍較小,也能夠減輕審查內容的複雜度,然而審查頻率會因此增加。審查通常會變成持續整合的瓶頸,而導致合併無法經常發生。透過共有程式碼的概念來增加可審查的人員並且運用結對程式設計來讓審查與開發同步進行可以緩解這類瓶頸問題,並且提升程式碼的品質。

此外,提倡本地端的測試也能夠進一步緩解測試主機的壓力,並且提升程式碼的品質。不過,本地端測試通常不能耗費太多時間,否則可能會影響工程人員的測試意願。單元測試請善用工具保持測試能夠在 5~10 秒之內完成,而較完整的測試亦不能耗時太長,並且為兩種測試都提供執行腳本來方便開發人員執行對應測試。

持續整合通常需要同時採用功能開關的做法。推動者應該在導入此做法時,一併思考功能開關做法的導入。

▌ 目標

降低合併衝突,提升交付品質。

▌ 影響窗口

一般來說,整合和版控工具是由維運人員所負責,所以本實務做法主要會影響開發和維運人員。此處測試多半涉及可自動化的測試,這部分和組織的職責分工

有關。為了能夠整合相關測試的自動化的流程中，測試人員可能會因為導入此做法而受到影響。

導入持續整合可以改善工程開發的效率和品質，但對商業價值不見得有明顯可見與直觀上的貢獻。初次導入時多半需要整理當前分支管理方式，建議運用開發的冗餘時間或工作較不吃緊的時間來進行。

評估

持續整合能夠改善合併衝突的問題並且提早發現整合的錯誤，所以評估面向上可以觀察合併衝突次數、合併的狀況、整合流程失敗次數和臭蟲率等。此外，考量持續整合流程的效率對於採用意願的影響，也需要思考流程的執行時間和持續整合觸發次數等指標。

互動關係

持續整合由於會影響主幹的內容，推動者最好能建立標準做法或統一的品質政策來引導開發與維運團隊建立正確的持續整合流程，以避免發生不必要的風險和實作上的浪費。此外，考量安全和合規需要，推動者也應該透過統一原則與工具來記錄持續整合流程的相關活動與結果。

結構

持續整合需要開發與維運人員之間的配合，尤其是開發團隊應該具備持續整合相關工具操作的能力。一般來說，持續整合相關工具和運算環境的管理職責均在維運團隊，因此如何轉移相關的操作型知識（比方說如何運用持續整合相關工具）給開發團隊，對於鬆綁彼此之間在操作上的任務耦合會有幫助。推動者能夠

考慮透過技術交流活動或非制式團體來分享和共有彼此知識。此外，目前亦有些組織會成立專責的 DevOps 團隊來負責相關工具的導入，但需要注意的是推動者需要明確相關的職責分工。這部分通常是最容易產生爭執與衝突的地方。

10.7　持續測試

▍流程

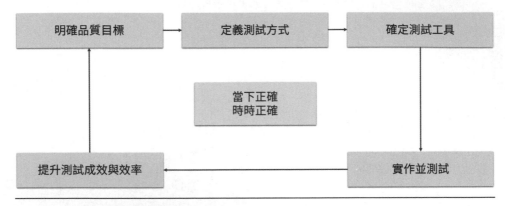

▲ 圖 10-8　持續測試進行方式示意圖

　　持續測試是 DevOps 家族中相當重要的做法，否則自動化帶來的速度可能只會是災難而已。持續測試有別於以往測試之處在於「持續」。持續代表測試會伴隨每一個變更發生並且執行，而且開發與測試之間的轉換是流暢而沒有摩擦的。兩者的活動是「連續」而且沒有中斷的。傳統測試做法可能會在開發團隊完成變更後，換手給測試團隊，然後又會為了對齊各種資訊而互相等待，開發和測試活動之間的連動並不順暢且連續。此外，持續也代表在需求實現的過程中，持續地思考如果要確保最終品質，當下應該做哪些確認才能讓問題提早發現或做哪些事情才能讓問題容易被發現，所以持續測試代表著對於品質追求左移。

　　為了達成持續測試，推動者首先需要思考的是有哪些測試是專案或產品需要的，並且基於目前的技術組合和自動化的需求來選擇合適的測試工具。接著，便是將測試安排到開發和自動化流程裡，並且按照測試的政策來進行每項測試。及

早地確認測試需求,能夠幫助落實測試和發揮測試效果。當測試結果出來後,務必讓測試結果的回饋顯示在合適的地方,以便開發、測試與維運人員能夠順暢地取得相關結果,並且據此做出改善。

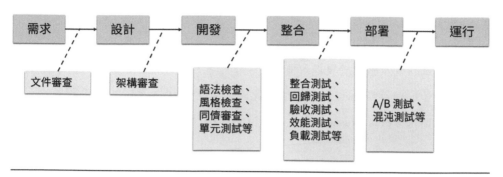

▲ 圖 10-9　交付各階段測試安排範例 [3]

測試的方式很多,重要的是選擇夠用的測試,並且盡可能地讓開發與測試活動之間的轉換等待與執行成本降低,才能讓持續測試得以落實且維持。圖 10-9 是把各種測試安排到開發各階段的範例。從圖中可以看見文件審查也是測試的一環,這是因為測試的目的不外乎就是確認兩件事:「做對的事」和「把事情做對」。

目標

提高系統穩定性與品質;提高客戶滿意度。

影響窗口

持續測試會需要商業人員、開發人員、測試人員、安全人員和維運人員的參與,才能夠周全所有的測試。此外,根據測試類型的不同會對運算環境有不同的要求,推動者需要思考原有運算環境的安排是否足以支撐持續測試的做法。

　　隨時均能在專案或產品開發裡導入持續測試，關鍵點在於當前專案和產品的迫切需求為何？那麼通常導入對應的測試會得到比較多的支持。不過，測試安排和規劃肯定是越早越好。

評估

　　持續測試的成效體現於臭蟲、事故發生率和客戶滿意度上，所以在評估持續測試導入成效時應該納入這三個指標，此外，也應該評估測試的誤報數量、不穩定的測試結果（Flaky Issue）數量、執行頻率和執行時間等指標，來了解測試的品質。

互動關係

　　統一政策對於推動測試有顯著的效益。政策提供方向，而具體如何測試的決定空間可以留給執行團隊。這樣的做法通常是比較好的，但考量可能團隊會不知道如何開始，推動者需要為此提供培訓、標準範本和標準做法，以便引導團隊進行恰當的測試。

　　此外，推動者應該引導團隊擬定彼此的溝通方式，來消除不必要的摩擦。筆者過去曾經目睹過相當強勢的測試團隊和相當弱勢的測試團隊，但不管是哪一種對於導入持續測試並不重要，因為重點是達到期望的品質目標，而這個目標是共有的，只是角度不同而已。

結構

　　若組織的測試成熟度不高時，建議組成一個跨職能的團隊來釐清所有測試相關規劃事項和對應的職責，並且找出組織的統一政策和標準做法。若組織已經有一

定測試的成熟度，則可以先按組織原有做法即可。持續測試可能對整體的運算環境結構產生影響，比方說測試環境的建立。若原先組織便有相關做法，那只需要確保相關環境資源來得及實施的時間。若無，則需要思考測試環境對整體運算環境的影響並且設計相關的管理方法。

測試的困難度不雅於開發系統，但品質的價值並不容易彰顯，畢竟做得好沒問題。推動者可以透過技術交流和競賽活動等方法，來讓不同技能的成員可以聚在一起流通彼此的想法，促進組織的品質意識。

10.8 持續部署

流程

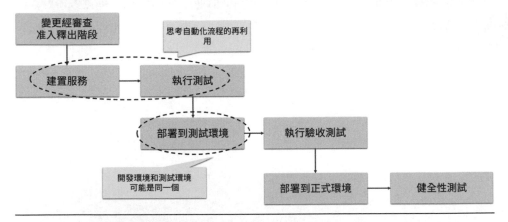

▲ 圖 10-10 持續部署進行方式

　　持續部署是持續整合的延伸。以持續整合實務做法的概念來看，持續整合通常可以延伸至交付，但不會進一步部署到正式環境。隨著技術的發展，自動化地將產出部署至正式環境變得可能，而持續部署則是在這樣的發展條件下出現的實務做法。持續部署的基本概念是讓變更不僅整合至主幹，更能夠進一步地上線到正式環境。

　　因此，推動者在導入持續部署時，可以思考持續整合和持續部署兩者在自動化流程上的重疊處（尤其是測試部分），並且透過條件判斷來分別兩種任務，來提高自動化流程的再用率。不過不管如何實現持續部署都務必在上線前確保建置和相關測試均能夠成功進行，並且在通過驗收測試之後，再進一步地部署到正式環境。當正式環境部署完畢之後，可以透過自動化的健全性測試（Sanity Test）來確保最終部署的正確性。

當持續部署發生錯誤時，必須能夠允許快速地進行回滾來避免服務中斷的問題。部署服務是件相當繁雜的任務，所以持續部署相當依賴維運測的運行環境技術和工具的狀況。推動者需要思考當前運行環境，並且導入相關輔助工具才能夠讓持續部署可以順利導入，否則將會引發人力問題而導致失敗。

目標

加速交付速度、降低部署風險，提高市場需求響應能力。

影響窗口

持續部署需要開發、維運和測試人員的彼此協作才能夠順利達成，尤其是開發端需要在早期開發時取得維運人員的回饋，以便將相關部署需求和功能需求一併被實現出來。因此，此做法會影響上述三類人員。

持續部署對於固定長週期且手動部署的團隊來說相當陌生，而且也有工具上手的問題，所以導入持續部署需要尋覓任務淡季或風險較低的專案來進行導入是較合當的選擇，否則團隊可能會因為一次的失敗而放棄實現此做法。此外，如同圖 10-10 所繪，持續部署需要額外環境來確認交付功能的正確性，所以運算資源的限制也會影響本做法的導入。

評估

由於持續部署涉及部署服務到正式環境，所以評估部署失敗率和部署失敗的恢復時間是相當重要的指標，而且也需要追蹤部署的前置時間和部署頻率來了解部署流程的效率，因為通常過於耗時且繁瑣的過程會降低持續部署的採用意願。此外，持續部署代表團隊即時響應需求變化和客戶回饋的能力，所以評估客戶滿意度也是可以納入的指標。

互動關係

　　持續部署需要維運人員的支持，而且開發團隊需要考量維運端的需求，才有可能將持續部署落實於產品或專案裡。因此，持續部署對此二類角色的影響最深。由於開發和維運兩者價值不同（開發追求產出，維運追求穩定），衝突與摩擦可能因此產生，推動者應該思考兩者的溝通方式，並且透過統一政策（安全政策、技術和工具採用政策和釋出標準等）來平衡產出和穩定的價值需求。

　　此外，需要思考當持續整合的最後交付階段發生失敗時的通報機制，來確保交付成果或運行服務總是維持在正常狀況。

結構

　　開發和維運的通力合作是本做法的關鍵，因此推動者在結構面向上應當思考讓兩者價值和技術流通且能獨立運作的方式。比方說，建立暫時性跨開發和維運職能的團隊或成立獨立的 DevOps 團隊來摸索組織導入此做法的實現方式，並且根據此方式來構成統一做法或找出必要的工具集合，以便易於之後擴展到全組織裡，並且透過技術交流與分享和工作坊形式來普及相關做法和尋求更好做法。此外，這類介於開發和維運職能中間的技術與工具往往會造成職責不清的狀況，推動者應該明確各角色的職責以避免產生摩擦和衝突。

　　持續部署對於基礎設施的管理方式會產生明顯的影響，這些影響可能會和原先的系統的基礎設施所採用的技術與工具有關，所以系統架構可能會隨著需要進行改變。推動者會需要偕同開發人員與維運人員一同調整既有的基礎設施的設計。

10.9　基礎設施即程式碼

▋ 流程

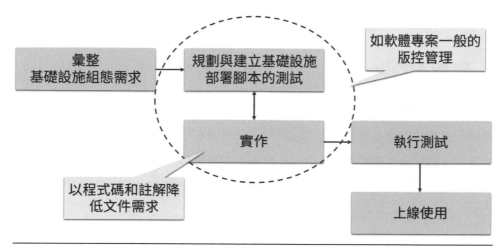

▲ 圖 10-11　基礎設施即程式碼運用方式示意圖

　　基礎設施即程式碼的導入關鍵在於對於原始基礎設施的了解和掌握，所以在導入基礎設施即程式碼之前，推動者需要了解組織目前用來管理運行環境的工具和技術，以及所運行服務依賴的運算資源和相關組態設定。當這些資源完整之後，需要針對這些資源（尤其是組態）建立對應的測試。接著，便能夠運用選定的工具來實作相關的腳本程式碼，來滿足部署基礎設施的要求。

　　此處需要注意的是如同應用系統一般，基礎設施的相關程式碼也應該妥善地運用版本管理機制來確保部署時的內容一致，以避免發生非預期的人為操作錯誤。此外，由於基礎設施即程式碼的自動化腳本實作取代了原先倚賴文件的手動操作，所以當相關腳本實作完畢後，應該對相關文件進行減量來避免需要兩邊同步

的問題。為了避免關鍵資訊的遺失，也應該要求開發者在撰寫時根據這些關鍵資訊以註解的方式一併實作於腳本裡。

目標

減少人為操作失誤，提升部署效率和規模；縮短事故恢復時間。

影響窗口

基礎設施即程式碼的導入除了需要開發人員和維運人員的加入來一同對系統和基礎設施作出調整並且進行腳本撰寫外，還需要專案或產品經理與資安相關人員的參加，以便確保改變能夠符合產品或專案的需求和安全性的顧慮。此外，基礎設施即程式碼的腳本和部署後的檢測也需要測試人員的參加來規劃與開發相關測試。

基礎設施相關程式碼的變更過程可能會造成系統運行的潛在風險，因此提供試驗環境並且在系統離峰時刻進行相關的變更會是比較好的選擇。不過，本做法對於工具和技術的依賴較大，然而傳統運算資源的環境可能對於本做法並不友善，所以推動者可能會需要進一步尋求贊助者在相關技術和工具上的支持。

評估

基礎設施即程式碼對於部署效率和品質的提升最為明顯，所以在評估面向上可以思考部署的前置時間、部署失敗率和事故恢復時間等。此外，考量持續部署帶來的相關風險，所以評估上也需要強化關於安全相關的活動指標。比方說，弱點掃描頻率和組態安全測試的失敗頻率等。

▌ 互動關係

基礎設施即程式碼的技術與傳統的基礎設施管理技術有明顯的落差，這對於維運人員的影響很大，然而所需的腳本撰寫又有別於一般開發人員所撰寫的程式。因此，本做法會對開發人員和維運人員帶來顯著的不確定性。除了提供必要的培訓之外，也需要提供統一政策（包含安全政策）和標準做法來讓開發人員和維運人員能夠感到安心並且逐漸習慣本做法。

此外，此做法需要協助技術團建立良好的溝通措施，以便在需要尋求幫助或發生問題時，知道如何進行溝通。

▌ 結構

推動者可以透過建立開發、維運和安全三種職能混合的團隊來進行初次的導入，並且安排技術交流、討論和競賽等方式來讓相關技術可以在初次導入過程中便逐步地在組織內流通。比方說，可以將部分已經穩定的實作變成樣板並且對內公開，同時提供試驗環境和獎勵並且要求回饋。

10.10　持續監控

▍流程

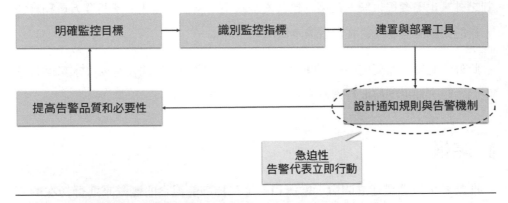

▲ 圖 10-12　持續監控進行方式示意圖

　　本做法的核心概念在於圍繞著監控目標持續地收集資料並且將資料轉換為監控指標，然後根據指標的性質建立對應的通知和告警。當運算環境的異質性和規模越大，如何持續地確保系統服務正確運行、符合安全與合規和高效地使用運算資源將會是組織裡重要的問題，而持續監控則是解決這個做法的重要關鍵。持續監控有兩個需要把握的重點，其一是監控對象；其二則是監控事件發生該採取什麼行動。持續監控常見的監控對象有：

- 基礎設施環境。

- 系統與服務的效能。

- 系統與服務的內外網路通訊。

　　監控所採用的指標不外乎有資源耗用狀況、請求處理狀況、吞吐量和安全漏洞狀況等相當多樣種類的指標。雖說監控以指標呈現居多，但也需要收集和分析來

自運算環境的日誌,並且對內容進行分析和捕捉異常訊息。當然討論到監控,通常會一股腦兒地將心思投注到運行系統身上,但以 DevOps 角度來看,監控應當覆蓋整個交付流程,以便為改善提供客觀基礎。因此,監控對象除了資訊系統本身外,還要思考開發流程裡的各個階段,比方說:

- **需求規劃**:需求數量、需求類型佔比和需求變更次數等。
- **開發實作**:分支變化、合併頻率和失敗狀況和單元測試覆蓋率等。
- **變更上線**:變更失敗率、變更頻率和變更上線前置時間等。

同樣地,我們也可以沿著交付流程往商業領域邁進,透過整合監控資料來得出與商業相關的洞見指標,比方說透過 A/B 測試來觀察使用者偏好或結合需求類型佔比、事故率和臭蟲率等指標進行相關性分析後,了解如何從需求安排來穩定系統發展等。此外,POWERS 評估面向上的觀察點也是作為持續監控的監控對象。

有明確的監控目標就會伴隨著對該目標的期待。這些期待可能是達成某個目的或是避免某種風險,所以推動者需要思考監控指標的報告形式,以及當風險發生時,告警的方式和需要採取的行動。如此才能讓持續監控發揮作用。

目標

提早發現問題避免風險;最佳化系統可用性、資源運用和效能;提高客戶滿意度。

影響窗口

監控目標不同,需要參與持續監控導入的人員也會有所不同,但基本上開發與維運人員是不可避免的角色,有時資料相關人員也需要加入來為監控的基礎設施

提供支持，並且協助後續監控資料的處理和報告產出。通常專案或產品經理也會需要參加了解監控目標是否符合需求（比方說為了 SLA）。

一般來說，組織多半有監控機制。持續監控導入時，需要考慮原先監控機制的做法，來避免過大變化造成的人員負擔。若需要引入全新工具的話，請優先思考從專案或新功能切入，監控所需的資料有時會需要實作上的支援，而且成員也需要重新適應新工具。新舊工具之間切換所造成的困擾是推動者應該注意的問題。

監控工具的變動或監控資訊的採集有可能會影響整個系統架構，以及專案或產品對於資料處理的相關政策。請務必確認相關變化都有對應的配套措施。

▎ 評估

持續監控成效的評估與監控目標有關。若是以識別問題和避免風險作為目標，那麼評估事故率、誤報率和告警行動效率等都是可以評估的對象。若是以使用者滿意度作為目標，可以考慮使用淨推薦值等來進行評估。若是以資源運用效率為目標，可以考慮評估資源利用率的趨勢，或使用費用趨勢等來進行評估。

▎ 互動關係

溝通管理是持續監控需要特別注意的關鍵。在設計持續監控的相關告警時，推動者需要明確告警目的、等級、需採取的行動、細節狀況、告警管道與頻率和升級告警的規則，尤其必須保持告警的迫切性。換言之，告警發生代表必須採取行動，而非可選擇性的行動。否則，告警的效益會因此消失，因為收到告警的人員可能會選擇忽視告警。

若持續監控是為了商業目的或日常的報告之用，推動者可以為此建立制式內容與框架，來維持每次監控結果讀取的品質。

▌結構

持續監控會影響系統結構和專案或產品結構。新的監控技術引入會對服務實作與整體系統架構產生影響。比方說，工程師需要抽換或插入遙測用的函式庫，並且進行相應的變更，進而影響到服務的架構。系統架構也可能會監控工具而需要調整網路通訊的管理。推動者需要與開發和維運人員討論相關的變更。此外，若持續監控是為了進行商業決策，也需要相關利害關係人討論決策對產品或專案結構的影響，以便對相關影響準備配套措施。

跨職能的暫時性團隊可能會因為監控事件（例如事故）而產生。推動者需要諮詢維運和資安人員既有做法，並且為可能引發此類團隊成立的監控事件進行識別，並且和相關參與者和利害關係人溝通。

10.11　總結

本章介紹了一些導入 DevOps 時會採用的實務做法，並且根據 POWERS 的六面向來討論做法的概要和運用方式，更重要的是可能產生的影響和應對措施。不過，任何做法落地成為現實的時候都會需要調整，推動者可以先以做出最少調整來使用實務做法，然後再逐步調整與改善。這樣的導入方式往往能在實務做法和現實之間找到平衡。與 DevOps 相關的實務做法很多，讀者不妨利用 POWERS 來進行整理並且思考屬於自己的落地方式。相信會對你帶來許多幫助，並且能夠讓你以更系統的思維來找出實現屬於你和你所在環境的實務做法。

本章閱讀完後，你是否對於實務做法有更多了解，並且更熟悉如何運用 POWERS 來思考實務做法呢？試著回答以下問題，順便回顧一下本章內容：

1. 導入微服務架構到既有系統有哪些方式？

2. 導入演進式架構的第一步是什麼？

3. 持續整合代表一種具體的技術工具，是嗎？

4. 導入持續測試最好的契機為何？

5. 持續監控只限於系統服務和運算環境，是嗎？

參考資料

[1] Richardson, C. (n.d.). Pattern: Strangler application. Microservices.io. https://microservices.io/patterns/refactoring/strangler-application.html.

[2] Neal F. Rebecca P. Patrick K. Building Evolutionary Architectures: Support Constant Change. O'Reilly; 2017.

[3] 軟體測試實務：業界成功案例與高效實踐 [I]，博碩文化，2023，第十章。

博碩文化

博碩文化